INTRODUCTION

The Industrial Revolution brought with it the easy availability of fine white flour, plentiful supplies of sugar and the processing of foods. A new food law brought in controls not too different from those we have today which included the provision that food has to be safe. The difficulty is knowing what is safe. So far as additives are concerned, it was not until the 1950s that consumption and demand began to grow at a rapid rate, with consumers demanding less and less preparation time but ever cheaper products and manufacturers looking for ways to supply. If you buy a pound of sausages for 75p then you have to ask yourself how a manufacturer can use good meat when that costs around twice as much. He *has* to incorporate water, fat and cereals plus flavours and colours to produce a palatable and attractive product at the right price.

In 1970, food labelling regulations made manufacturers declare what sorts of additives were being used but without any detail. So a substance listed as 'preservatives' could be a benzoate (such as E211) which can adversely affect asthmatics or those sensitive to aspirin, or another naturally derived substance such as sorbic acid (E200) found in the berries of the Mountain Ash. The Common Market has changed all that. Now all additives other than flavours and one or two exempt categories have to be declared with either E numbers or the full names of the substance together with the use to which it is put, such as colour or anti-oxidant (to prevent rancidity or browning). This is a substantial consumer freedom of information and enables us to decide, provided we arm ourselves with sufficient knowledge, just what we eat. Ever since this law was announced food manufacturers and retailers have been looking closely again at the recipes they use and are making modifications where it is felt that the public will find it difficult to accept a particular additive. Another consequence of this is, of course, that the consumer may have to be prepared to pay more for a food with a shorter shelf life and with more expensive ingredients.

The Austrian wine scandal in 1985 highlighted the fact that there were more than 15 permitted additives in EEC wines and because none of them have to be declared in alcoholic drinks, Public Health Inspectors have paid scant attention to analysing just what is in them. The anti-freeze was not discovered simply because no-one looked for it. It is ironic that an Austrian VAT Inspector found the additive was being claimed in substantial quantities for a production rebate and alerted the authorities. Analysts will now be paying much more attention to what we drink and I am sure that this will have the dual effect of safeguarding us and at the same time turning up more mysterious additions.

All additives have to be declared in descending order and so the position of, for example, sugar and salt on the label tells its own message. However, in alcoholic drinks where there are no declarations you may not be aware that a sweet vermouth can contain almost 16 per cent sugar, port 12 per cent and liqueurs such as cherry brandy over 30 per cent. Coca-cola by comparison has only 10.5 per cent.

Almost everything we do in life has a potential risk and a potential benefit. You have to decide in your own situation the risks and the benefits of the various groups of additives and of individual substances within them. It is certainly more useful to preserve meat products than it is to allow the growth of some of the most toxic bacteria known. None of us want our foods to go off, but there is often a choice as to the means of achieving this. A meat pie can be preserved

E FOR ADDITIVES SUPERMARKET SHOPPING GUIDE

A quick and easy way to control additive intake.

E FOR ADDITIVES SUPERMARKET SHOPPING GUIDE

A comprehensive listing of additive-safe foods

Edited by

Maurice Hanssen

THORSONS PUBLISHING GROUP
Wellingborough · New York

First published March 1986

10 9 8 7 6 5 4 3 2 1

British Library Cataloguing in Publication Data

E for additives supermarket shopping guide: a comprehensive listing of additive-safe foods.
1. Food additives — Tables
I. Hanssen, Maurice
664'.06'0212 TX553.A3

ISBN 0-7225-1291-0

Printed and bound in Great Britain

against rancidity with vitamin E (E306) or you can use the more questionable E320 and E321 (BHA and BHT). Another example is vitamin C (E300), which is very effective for preventing deterioration of many foods.

A good question to ask yourself when reading a food label is 'would I use this in the kitchen, and if not, why is it used here?' A snack product I examined recently had 13 E numbers, none of which I would have used at home. Why were there so many colours and other additives, such as E320 and E321, which are not permitted for foods intended for babies and young children, in a product that could be eaten by them so frequently? It would be a useful step forward if there was an obligatory flash saying 'contains ingredients not recommended for babies'. A reduction of the additives in use to about one-third of their present number would bring about visible and widespread changes to the appearance, texture and taste of many of the foods we eat but would avoid the risk in susceptible individuals of problems such as hyperactivity in children, asthma, nettle rash, eczema and tummy upsets whilst giving us foods much nearer those we would like to have time to make at home. Meanwhile we can become more selective in our eating styles and, above all, enjoy a healthy diet that is varied and full of interest.

The first British health food store store opened as long ago as 1894 and today you can obtain from them many interesting and exciting foods without unnecessary additives. However, the high-street supermarkets and food stores now also provide a selection which has been carefully produced to avoid these additions, which is what the Guide is all about.

Since the consumer-led revolution demanding food with fewer additives began in the autumn of 1984, the high-street supermarkets and food stores have not been slow to react in providing the sort of food required by the selective and well-informed customer. Safeway, Tesco, Sainsbury's, Waitrose, The Co-op, Marks and Spencer and many more all have definite, consumer-oriented policies on foods which, although they may take some time to implement, allow us to choose from a steadily increasing number of excellent foods with a reduced and carefully thought-out additive content.

In order to compile the Guide, I selected 79 additives that I would personally prefer to do without. In doing so, I did not mean to imply that they were dangerous, but simply that the selected additives have either been shown to be quite unnecessary, like many of the colours, or can cause adverse reactions in certain sensitive people. Others enable the manufacturer to produce expensive-looking food from cheap raw materials. Most of the major retailers in the UK were asked to list all their products which did *not* contain any of these additives. At the same time they recorded the amount of added salt and sugars in each item. This information has been used to create this guide, giving you a quick and easy means of cutting down on contentious additives and at the same time keeping an eye on your intake of salt and sugars. The full list of excluded additives is given below. If a product contains one of these in its listed ingredients, it should not be in this book. However, we have had to rely on the accuracy of the contributors, so if you are determined to avoid all exposure to certain additives, you must check the label.

The Excluded Additives

E102 Tartrazine
E104 Quinoline yellow
107 Yellow 2G
E110 Sunset yellow FCF
E120 Carmine of Cochineal
E120 Carminic acid
E120 Cochineal
E122 Azorubine
E122 Carmoisine
E123 Amaranth
E124 Ponceau 4R
E127 Erythrosine BS
128 Red 2G
E131 Patent blue V
E132 Indigo carmine
133 Brilliant blue FCF
E142 Acid Brilliant Green BS
E142 Green S
E142 Lissamine Green

E150 Caramel
E151 Black PN
E153 Carbon black
E153 Vegetable carbon
154 Brown FK
154 Chocolate brown FK
154 Kipper Brown
155 Brown HT
155 Chocolate brown HT
E173 Aluminium
E180 Lithol Rubine BK
E180 Pigment Rubine
E210 Benzoic acid
E211 Sodium benzoate
E212 Potassium benzoate
E213 Calcium benzoate
E214 Ethyl-4-hydroxybenzoate
E214 Ethyl para-hydroxybenzoate
E215 Ethyl-4-hydroxy-benzoate, sodium salt
E216 Propyl 4-hydroxy-benzoate
E216 Propyl para-hydroxybenzoate
E217 Propyl 4-hydroxy-benzoate, sodium salt
E218 Methyl 4-hydroxy-benzoate
E218 Methyl para-hydroxybenzoate
E219 Methyl 4-hydroxy-benzoate, sodium salt
E220 Sulphur dioxide
E221 Sodium sulphite
E222 Sodium bisulphite
E222 Sodium hydrogen sulphite
E223 Sodium metabisulphite
E224 Potassium metabisulphite
E226 Calcium sulphite
E227 Calcium bisulphite
E250 Sodium nitrite
E251 Sodium nitrate
E310 Propyl gallate
E311 Octyl gallate
E312 Dodecyl gallate
E320 BHA
E320 Butylated hydroxyanisole
E321 BHT
E321 Butylated hydroxytoluene
385 Calcium disodium EDTA
385 Calcium disodium ethylenediamine-NNN'N' tetra-acetate
E407 Carrageenan
621 Aji-no-moto
621 monoSodium glutamate
621 MSG
621 Sodium hydrogen L-glutamate
622 monoPotassium glutamate

622 Potassium hydrogen L-glutamate
623 Calcium disodium EDTA
623 Calcium di-hydrogen di-L-glutamate
623 Calcium glutamate
627 Guanosine 5' (disodium phosphate)
631 Inosine 5' (disodium phosphate)
635 Sodium 5'-ribonucleotide
924 Potassium bromate
925 Chlorine
926 Chlorine dioxide

Many people have spent a lot of time and trouble filling in detailed forms in order to be included in this book. Others have reasons for not participating. For example, some companies have a rapid turnover of the types of food available, consequently they could not be sure that the products mentioned would be available even a few months after writing. Others felt that their development programmes were not sufficiently advanced to be sure that products which they intended to change would be ready in time for publication. We hope to bring out revised editions of the Guide at regular intervals so that more and more of these can be included as time goes on.

The attitude of the Food Manufacturers Federation is by no means as positive as that of the supermarket chains. They wrote to their members on 10 October, 1985, suggesting that this guide was not the type of initiative with which reputable companies would readily associate themselves without a considerable amount of further clarification. They also said 'the basic principle would seem to be that if a manufacturer determines to produce a product without the use of food additives — especially as a replacement for an existing product — he should not promote it by stating or suggesting that the new product is thereby inherently safer, or the old one inherently more dangerous.' Sainsbury does not seem to have been too impressed because they took a full page advertisement in *The Daily Telegraph* on 12 November, 1985, headlined *No Fishy Ingredients:* 'Our new fish fingers are 100 per cent cod fillet, batter and breadcrumbs and there are no artificial preservatives or colourings. No polyphosphates. No tartrazine. Of course to your kids they'll just be good old fish fingers. Only you will know how good they really are. Good food costs less at Sainsbury's.'

Other supermarket chains and manufacturers have taken the same step: it makes good marketing sense to them and provides excellent products for you and me. The great problem has been to know in a quick and easy way just what foods have been made with the consumer's view of additives in mind. So this guide, with the co-operation of producers and suppliers, sets out to be a convenient, quick and easy reference book to help you plan a diet low in additives.

HOW TO USE THE GUIDE

This guide contains an alphabetic listing of supermarket and high street store own-brand products which do not contain the additives listed on pages 10-12. Each supermarket's list is preceded (where available) by a statement of their policy towards additives. Each entry gives the name of the product followed by a salt, sugars and flavourings rating, and finally the packaging method (this is included so that you can distinguish between things like frozen and canned peas).

None of the products listed should contain any of our excluded additives, but if you or your children are very sensitive to particular ones, it is as well to double check with the label. It is also important to remember that there are many excellent products which are eligible for inclusion in the Guide, but which are not here for some reason; they were too late to make the print date, or they are new products, for example. So if you see something you like the look of, check the label against our additive list. Fresh meat, fish, poultry, eggs, vegetables and fruit have not been included unless they have been pre-prepared, as in such things as kebabs or stir-fry vegetables, where additives *may* have been used.

Salt

The zero, low and high categories for added salt (sodium chloride) are designed to be a useful quick check of salt levels, they should *not* be used as a guide for people on special diets, because the element sodium can be present in many forms and, indeed, occurs naturally in a lot of foods. So if you are on a low sodium diet, the best thing to do is to write to the manufacturer to find out just how much total sodium there is in a particular food. On the other hand, if you wish to cut down your salt intake a little or not eat foods that have a lot added, then zero means that none has been put there by the manufacturer, low (L) means that there is 1 per cent or less and high (H) that there is more than 1 per cent. The letter X denotes this information is not available. Such a figure needs to be interpreted with common sense; for example, how much of the product are you actually going to use? A few drops of sauce or flavouring containing a relatively high quantity of salt is unlikely to add much to the diet, whereas a high figure for a staple food such as a breakfast cereal could make a significant difference. Nevertheless, there is much argument over whether salt has a harmful affect on a normal person with little general agreement among nutritionists.

Sugars

Many foods contain added sugars such as sucrose, maltose, glucose etc. Sugar is another additive which some consumers would prefer to eat less of, although it has to be noted that many foods contain large quantities of natural sugars — around 70 per cent in honey, for example. Sugars added by the manufacturer may be there as a preservative or to give flavour and 'feel' in the mouth. Foods containing no added sugars are listed with a zero symbol, 5 per cent or less added sugars is classed as low (L) and more than 5 per cent as high (H). The letter X denotes this information is not available.

Flavourings

The Common Market Commission is hoping to produce a list of food flavours, many of which are already derived from natural substances, but at the moment there is no way of identifying added flavours, all we have been able to do is identifying added flavours, all we have been able to do is note their presence or absence. The letter F denotes the presence of flavouring, and the figure 0 means there is no added flavouring. We cannot trace any substantial bad effects coming from commonly used flavours.

Hidden Additives

There is no legal requirement to include additives such as preservatives or flour improvers to the list of ingredients if they have no effect on the product as a whole and are only incorporated into one or other of the ingredients. Thus the apple flakes in your muesli may be preserved naturally or artificially and there is no way of telling from the ingredients list. So we have *not* asked contributors to declare such additives. This would present great difficulties, especially as a fluctuation in the supply of raw materials could mean that one batch had a very small additive content and others did not. One thing you can be sure of, however, is that the total amount present would be very small.

The additive-conscious buyer also needs to watch out when buying alcoholic drinks, because here the manufacturers do not have to declare additives at all. In fact there is a permitted list for table wines within the Common Market, but only the manufacturer knows precisely what has been used. With these provisos, we are sure that this guide will be of great use to the health-conscious shopper.

The book *E For Additives* was the parent of this guide. Its publication breaks new ground for the consumer and we look forward to hearing constructive suggestions from retailers, manufacturers and readers so that successive editions become ever more useful.

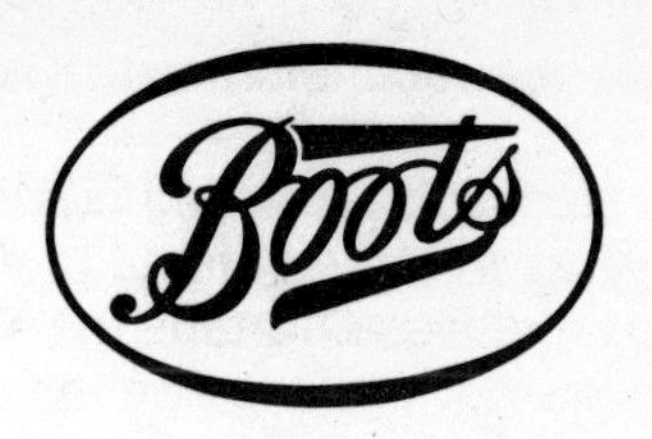

The Boots Company PLC

Boots believes that the subject of additives should not be treated in isolation to the wider need of providing nutritionally balanced foods encompassing all aspects of ingredient content such as sugar, fat and fibre levels. With this in mind we are progressively incorporating a 'Food Facts' panel on our labels, which, where appropriate, will give a statement on the inclusion of artificial additives.

In our own label food range we are committed to the removal of all artificial additives that are associated with allergic reactions or do not positively contribute to customer satisfaction. We already have a wide range of products for instance, the Boots Second Nature range, that contain no artificial colours, flavours or preservatives. For all new Boots Brand Foods we will aim to avoid the use of artificial additives. Where this is not possible (for example, for reasons of product stability) we shall avoid those additives referred to above.

This programme is already underway and whilst pursuing the above policy Boots wishes to educate customers in the wider implications of removing artificial additives:

— Alternative ingredients are not always immediately available.
— Natural ingredients are in the main more costly than artificial ones and could be subject to fluctuations in availability.
— Some products, for example certain drinks, would have a taste and visual appearance different from that which

customers have been accustomed to if additives were not included.

- Preservatives are used for added customer safety and there are not always immediate natural alternatives.
- Removing preservatives shortens the shelf life of foods and will mean greater vigilance on the consumers' part to store the foods carefully at home.

BOOTS	Salt	Sugar	Flavour	Packaging
Acid drops	0	H	F	bag
Apple & sultana dessert (baby food)	0	H	0	dried
Apple dessert (baby food)	0	H	0	jar
Apple juice, fresh pressed English	0	0	0	tetrapak
Apple juice, pure	0	0	0	tetrapak
Apple pie, wholemeal	L	H	0	
Baking powder	0	0	0	
Banana hazelnut treat (baby food)	0	H	0	dried
Basting sauce for chicken	H	H	0	
Basting sauce for lamb	L	H	0	
Basting sauce for peppered beef	H	H	0	
Beans, borlotti	L	L	0	can
Beans, butter	L	L	0	can
Beans, haricot	L	L	0	can
Beans, red kidney	L	L	0	can
Beef & vegetable casserole	0	0	0	jar
Beef casserole (baby food)	0	H	0	dried
Beef dinner (baby food)	0	0	0	dried
Biscuits, apple (Second Nature)	L	H	F	
Biscuits, fruit bran (Second Nature)	L	H	F	
Biscuits, hand baked coconut & honey	L	H	0	

BOOTS	Salt	Sugar	Flavour	Packaging
Biscuits, hand baked fig and orange	L	H	0	
Biscuits, hand baked ginger & lemon	L	H	0	
Biscuits, hand baked sultana & bran	L	H	0	
Biscuits, hazelnut (Second Nature)	L	H	0	
Biscuits, muesli fruit (Second Nature)	L	H	F	
Biscuits, sesame seeds (Second Nature)	L	H	0	
Biscuits, six grain (Second Nature)	L	H	F	
Biscuits, wheat (Second Nature)	L	H	0	
Biscuits, wholewheat honey (Second Nature)	L	H	F	
Blackcurrant drink, ready to drink	0	H	0	tetrapak
Blackcurrant flavour liquid centre drops	0	H	F	bag
Bran flakes, with sultana & apple	H	H	0	
Bran, unprocessed (Second Nature)	0	0	0	
Bread, country grains	L	0	0	
Bread, muesli	L	L	0	
Bread, wholemeal	L	0	0	
Breakfast cereal, bran	H	H	0	
Breakfast porridge oats (baby food)	0	0	0	dried
Cake, sultana & carrot	L	H	0	
Cauliflower cheese (baby food)	0	L	0	dried
Cereal mix, country	L	0	0	carton

BOOTS	Salt	Sugar	Flavour	Packaging
Cheese & tomato savoury (baby food)	0	0	0	dried
Cheese savoury (baby food)	0	0	0	jar
Cheese supper (baby food)	0	0	0	jar
Chick peas	L	L	0	can
Chicken dinner (baby food)	0	0	0	dried
Chicken supper (baby food)	0	0	0	jar
Chocolate dessert (baby food)	0	H	0	jar
Chocolate pudding (baby food)	0	H	0	jar
Conserve, apricot	0	H	0	
Conserve, black cherry	0	H	0	
Conserve, blackcurrant	0	H	0	
Conserve, raspberry	0	H	0	
Conserve, strawberry	0	H	0	
Country casserole	L	L	F	alum tray in carton
Country chicken casserole (baby food)	0	0	0	jar
Country vegetable bake (baby food)	0	H	0	dried
Crispbread, whole rye (Shapers)	H	L	0	
Crunch bar, coconut (Second Nature)	0	H	0	
Crunch bar, oat & honey (Second Nature)	0	H	0	
Dessert sauce, caramel with brandy	0	H	F	
Dessert sauce, chocolate with rum	0	H	0	

BOOTS	Salt	Sugar	Flavour	Packaging
Dessert sauce, raspberry with kirsch	0	H	0	
Diabetic biscuit, ginger cream	0	0	F	
Diabetic biscuit, hazelnut	L	L	0	
Diabetic biscuit, muesli	L	L	F	
Diabetic biscuit, tea	L	0	F	
Diabetic cake mix, chocolate sandwich	0	0	0	
Diabetic cake mix, plain sandwich	0	0	0	
Diabetic chocolate drink	L	0	F	
Diabetic milk chocolate	0	H	F	
Diabetic milk chocolate with hazelnut	0	H	F	
Diabetic mint imperials	0	0	0	
Diabetic peaches, Reduced Calorie	0	0	0	can
Diabetic pears, Reduced Calorie	0	0	0	can
Diabetic plain chocolate	0	H	F	
Diabetic spread, honey	0	H	0	
Doughnuts, wholemeal	L	H	0	
Egg & cheese savoury (baby food)	0	L	0	dried
Egg custard (baby food)	0	H	0	dried
English breakfast (baby food)	0	L	0	dried
Fruit & nut milk chocolate, diet (Shapers)	0	H	F	
Glucose powder with vitamin C	0	H	0	

BOOTS	Salt	Sugar	Flavour	Packaging
Grapefruit juice, unsweetened	0	0	0	tetrapak
Hazelnut milk chocolate, diet (Shapers)	0	H	F	
Lamb casserole (baby food)	0	0	0	jar
Lamb dinner (baby food)	0	0	0	dried
Lamb hotpot (baby food)	0	0	0	jar
Lamb hotpot (baby food)	0	L	0	dried
Lasagne (Second Nature)	0	0	0	
Lasagne, vegetable	L	L	0	alum tray in carton
Lentil mix, Farmhouse	H	0	0	carton
Liver & bacon casserole (baby food)	0	0	0	jar
Liver & bacon dinner (baby food)	0	0	0	jar
Macaroni (Second Nature)	0	0	0	
Malted drink	L	H	0	
Marmalade, orange with thin cut peel	0	H	0	
Menthol liquid centre drops, traditional	0	H	F	bag
Milk chocolate, diet (Shapers)	0	H	F	
Minced beef & vegetables (baby food)	0	0	0	jar
Mixed cereal breakfast (baby food)	0	0	0	dried
Mixed cereal with wholewheat & wheatgerm (baby food)	0	H	0	dried
Mixed fruit dessert (baby food)	0	H	0	jar

BOOTS	Salt	Sugar	Flavour	Packaging
Mixed fruit salad (baby food)	0	H	0	jar
Mixed vegetable savoury (baby food)	0	0	0	jar
Muesli milk chocolate, diet (Shapers)	0	H	F	
Muesli, fruit & nut, deluxe	0	0	0	
Muesli, honey (Second Nature)	0	H	0	
Muesli, no added sugar (Second Nature)	0	0	0	
Mustard, Dijon with mixed herbs	H	0	0	
Mustard, English with beer & garlic	H	0	0	
Nut mix, harvest	H	0	0	carton
Oat breakfast (baby food)	0	H	0	dried
Orange juice, unsweetened	0	0	0	tetrapak
Orchard apple pudding (baby food)	0	H	0	jar
Pasties, vegetable	L	0	0	
Peaches, Reduced Calorie (Shapers)	0	0	0	can
Pear dessert (baby food)	0	H	0	jar
Pear treat dessert (baby food)	0	H	0	jar
Pears, Reduced Calorie (Shapers)	0	0	0	can
Pineapple & banana dessert (baby food)	0	H	0	dried
Plain chocolate, diet (Shapers)	0	H	F	
Poppyseed bar	0	H	0	
Porridge oats with malt (baby food)	0	H	0	dried

BOOTS	Salt	Sugar	Flavour	Packaging
Porridge, hi-fibre (Second Nature)	0	0	0	
Protein baby cereal (baby food)	0	0	0	dried
Ratatouille	0	0	0	alum tray in carton
Reduced Calorie food snack, cheese & chive flavour	0	0	F	
Reduced Calorie food snack, cheese & ham flavour	0	0	F	
Reduced Calorie food snack, cheese flavour	0	0	F	
Rice pudding with rosehips (baby food)	0	H	0	dried
Rice, baby (baby food)	0	0	0	dried
Rice, brown (Second Nature)	0	0	0	
Risotto, vegetable	L	0	0	alum tray in carton
Rolls, country grains	L	L	0	
Rolls, wholemeal	L	L	0	
Ruskmen (baby food)	0	H	0	
Rusks (baby food)	0	H	0	
Rusks, apricot flavour, low sugar (baby food)	0	H	F	
Rusks, low sugar (baby food)	0	H	0	
Savoury beef noodles (baby food)	0	L	0	dried
Savoury chicken & rice (baby food)	0	L	0	dried
Savoury chicken casserole (baby food)	0	H	0	dried

BOOTS	Salt	Sugar	Flavour	Packaging
Savoury mixed vegetables (baby food)	0	0	0	dried
Savoury spread	H	0	0	
Savoury vegetable casserole (baby food)	0	0	0	jar
Scones, wholemeal	0	L	0	
Scrambled egg breakfast (baby food)	0	0	0	dried
Sesame seed bar	0	H	0	
Shortbread, wholemeal (Second Nature)	L	H	0	
Soup, mixed vegetable with spice (Second Nature)	L	0	0	
Soup, thick green bean (Second Nature)	L	0	0	
Soup, thick potato (Second Nature)	L	0	0	
Spaghetti (Second Nature)	0	0	0	
Steak & kidney casserole (baby food)	0	H	0	dried
Sunflower seed bar	0	H	0	
Tropical fruit treat (baby food)	0	H	0	dried
Vegetable curry	L	0	0	alum tray in carton
Vegetable sausage mix	H	0	0	carton
Water, sparkling spring	0	0	0	bottle
Wheatgerm, stabilised (Second Nature)	0	0	0	
Yogurt dessert, rosehip & raspberry (baby food)	0	H	0	dried
Yogurt dessert, strawberry & orange (baby food)	0	H	0	dried

NOTES

NOTES

BHS®

BRITISH HOME STORES PLC

BRITISH HOME STORES	Salt	Sugar	Flavour	Packaging
Almonds	L	0	0	dried
Apple & sultana cake, with buttercream	L	H	0	pre-packed
Bacon, Ayrshire middle	H	0	0	pre-packed
Beanfeast	0	0	0	dried
Beans, red kidney	0	0	0	dried
Beef Chop Suey ready meal	L	L	0	frozen
Biscuits, carob chip crunch bar	L	H	0	pre-packed
Biscuits, honey & almond cookie	L	H	0	pre-packed
Biscuits, honey wafer	L	H	0	pre-packed
Biscuits, muesli cookie	L	H	0	pre-packed
Biscuits, oat & coconut cookie	L	H	0	pre-packed
Biscuits, round shortcake	L	H	F	pre-packed
Biscuits, Scottish oatcakes	H	0	0	pre-packed
Biscuits, sesame seed & raisin	L	H	0	pre-packed
Biscuits, wheaten	L	H	0	pre-packed
Biscuits, wholewheat, Nature's Snack	X	X	X	pre-packed
Bran	0	0	0	pre-packed
Bratwurst, traditional German	H	L	0	
Breakfast cereal, bran crunch with apple	L	H	X	pre-packed
Breakfast cereal, honey crunch	0	X	X	pre-packed
Breakfast cereal, malted crunch	H	0	X	pre-packed

BRITISH HOME STORES	Salt	Sugar	Flavour	Packaging
Bubble & squeak	H	0	0	pre-packed
Butter, English unsalted	L	0	0	pre-packed
Buttered whole Brazil nuts	X	X	0	pre-packed
Cauliflower cheese ready meal	L	0	0	pre-packed
Cheese, Appenzell	X	X	X	
Cheese, Bellshire	X	X	X	
Cheese, blue Brie	0	0	0	pre-packed
Cheese, blue Brie, West German	H	0	0	
Cheese, blue Cheshire	X	X	X	
Cheese, blue Stilton	H	0	0	loose
Cheese, blue Stilton	0	0	0	pre-packed
Cheese, blue Wensleydale	X	X	X	
Cheese, Brie	H	0	0	loose
Cheese, Brie	0	0	0	pre-packed
Cheese, Brie with mushrooms	X	X	X	
Cheese, Caerphilly	X	X	X	
Cheese, Camembert	X	X	X	
Cheese, Cheddar with pickle	X	X	X	
Cheese, Cheddar, Canadian	X	X	X	
Cheese, Cheddar, Cathedral City	X	X	X	
Cheese, Cheddar, English extra matured	X	X	X	

BRITISH HOME STORES	Salt	Sugar	Flavour	Packaging
Cheese, Cheddar, English matured	X	X	X	
Cheese, Cheddar, English mild with chives & onion	X	X	X	
Cheese, Cheddar, English with walnuts	X	X	X	
Cheese, Cheddar, Irish	X	X	X	
Cheese, Cheddar, New Zealand extra matured	H	0	0	loose
Cheese, Cheddar, New Zealand medium	H	0	0	loose
Cheese, Cheddar, processed slices	H	0	0	pre-packed
Cheese, Cheddar, Scottish	X	X	X	
Cheese, Cheddar, Scottish matured	X	X	X	
Cheese, Cheddar, Somerset cider	X	X	X	
Cheese, Cheddar, tasty	X	X	X	
Cheese, Cheddar, traditional farmhouse	X	X	X	
Cheese, Cheddar, vegetarian	X	X	X	
Cheese, Cheddar, West Country farm	X	X	X	
Cheese, Cheddar, West Country farmhouse	X	X	X	
Cheese, Cheshire	X	X	X	
Cheese, Cheshire, English	X	X	X	
Cheese, chèvre blanche	X	X	X	
Cheese, Colette	X	X	X	
Cheese, Danish blue	H	0	0	

BRITISH HOME STORES	Salt	Sugar	Flavour	Packaging
Cheese, Danish blue crème	X	X	X	
Cheese, Danish blue, Xtra creamy	X	X	X	
Cheese, Danslot gateaux	L	L	0	loose
Cheese, Dolcelatte	X	X	X	
Cheese, Doux de Montagne	X	X	X	
Cheese, Scottish Highland choice, Dunlop with Drambuie & almonds	X	X	X	
Cheese, Scottish Highland Hebridean, Dunlop with mustard & chive	X	X	X	
Cheese, double Gloucester with chives & onion	X	X	X	
Cheese, Emmental	X	X	X	
Cheese, French Folie du Chef	X	X	X	
Cheese, Fropain des Manges	X	X	X	
Cheese, German smoked processed	X	X	X	
Cheese, German smoked processed with ham	X	X	X	
Cheese, Gruyere	X	X	X	
Cheese, Jarlsberg	X	X	X	
Cheese, Lancashire	X	X	X	
Cheese, Lymeswold	X	X	X	
Cheese, Melbury	X	X	X	
Cheese, Port Salut	X	X	X	

BRITISH HOME STORES	Salt	Sugar	Flavour	Packaging
Cheese, pizza style	X	X	X	
Cheese, Rambol with herbs	X	X	X	
Cheese, Rolalp	X	X	X	
Cheese, Rosette	X	X	X	
Cheese, Roulé	X	X	X	
Cheese, Roulette	X	X	X	
Cheese, red Cheshire	0	0	0	pre-packed
Cheese, red Leicester	X	X	X	
Cheese, red Leicester	0	0	0	pre-packed
Cheese, Samsoe	H	0	0	loose
Cheese, St Albray	X	X	X	
Cheese, sage Derby	X	X	X	
Cheese, Tendale	X	X	X	
Cheese, Tête de Moine	X	X	X	
Cheese, white Stilton	H	0	0	loose
Chicken & mushroom ready meal	L	L	0	frozen
Chilli con Carne ready meal	H	L	0	chilled
Chocolate crème pot	0	H	0	chilled
Chocolate mint leaves	X	X	F	
Chocolate stem ginger	X	X	X	
Coconut macaroons	L	H	F	pre-packed

BRITISH HOME STORES	Salt	Sugar	Flavour	Packaging
Cod in parsley sauce (& veg) ready meal	H	0	0	chilled
Coffee crisp chocolates	X	H	0	
Coffee log	X	X	X	
Coleslaw	L	L	0	chilled
Cornish pasties, 4 large	L	L	0	frozen
Coronation chicken ready meal	0	0	0	chilled
Country cake	0	H	F	
Courgette bake ready meal	L	0	0	chilled
Cream, thick double	0	0	0	
Crispbreads, rye, extra thin	L	0	0	pre-packed
Crisps, cheese & onion flavour	H	0	F	
Crisps, ready salted	H	0	F	
Crisps, smokey bacon flavour	H	0	F	
Crumble, apple & blackberry	L	H	0	frozen
Crumble, plum & almond	L	H	0	frozen
Custard creams	L	H	F	
Digestive milk chocolate biscuits	L	H	0	
Digestive plain chocolate biscuits	L	H	0	
Digestive sweetmeal biscuits	L	H	0	
Duckling à l'orange ready meal	L	L	0	frozen
Éclairs, assorted	X	X	F	

BRITISH HOME STORES	Salt	Sugar	Flavour	Packaging
Éclairs, hazelnut	L	H	F	
Éclairs, milk chocolate	X	X	F	
Egg custard & nutmeg dessert	0	H	0	chilled
Figs, Lerida	0	0	0	pre-packed
Flour, 100% wholemeal	0	0	0	
Fromage blanc, apricot	L	L	0	chilled
Fromage blanc, strawberry	L	L	0	chilled
Fruit jellies	X	X	X	
Fruit salad, fresh	0	0	0	chilled
Fudge fingers	X	X	F	
Hash browns, American style	H	0	0	chilled
Hazelnut fudge cake	L	H	F	
Hazelnuts	L	0	0	pre-packed
Lemon fudge cake	L	H	F	
Lentils, green	0	0	0	pre-packed
Liqueur chocolate drum, assortment	X	H	0	
Liqueur chocolates, Irish cream	X	H	0	
Milk chocolate Brazils	X	X	X	
Milk chocolate caramels	L	H	0	
Milk chocolate crisp	X	X	X	
Milk chocolate fudge fingers	X	X	F	

BRITISH HOME STORES	Salt	Sugar	Flavour	Packaging
Milk chocolate hazelnut whirls	X	H	0	
Milk chocolate honeycomb	X	X	F	
Milk chocolate log	X	X	X	
Milk chocolate truffles	X	X	F	
Milk, pasteurised whole	0	0	0	
Milk, semi-skimmed	0	0	0	
Milk, skimmed	0	0	0	
Mint crisp chocolates	X	H	0	
Mint imperials	X	X	F	
Muesli, Swiss style	0	0	X	pre-packed
Nuts, cashews salted	H	0	0	pre-packed
Nuts, mixed	L	0	0	pre-packed
Orange & apricot drink	0	H	0	chilled
Orange crisp chocolates	X	H	0	
Orange juice, pure	0	0	0	chilled
Oranges in caramel	L	H	0	chilled
Party snacks (peanuts, cashews & sesame sticks)	L	0	F	
Peanut kernels, unsalted	0	0	0	
Peanuts & raisins	0	0	0	
Peanuts, large roasted	H	0	0	
Peanuts, large salted	L	0	0	

BRITISH HOME STORES	Salt	Sugar	Flavour	Packaging
Pie, beefsteak & vegetable	L	0	0	chilled
Pie, chicken & vegetable	L	0	0	chilled
Pie, individual chicken & mushroom	L	0	0	frozen
Pineapple juice, pure	0	0	0	chilled
Pizza, cheese & tomato	H	L	0	chilled
Pizza, deep fill tomato & cheese	L	L	0	chilled
Plain chocolate mint/coffee creams	L	H	F	
Potato bake ready meal	L	0	0	chilled
Potato croquettes	L	0	0	frozen
Potato croquettes	L	0	0	chilled
Quiche Lorraine	L	0	0	loose
Quiche Lorraine	H	0	0	chilled
Quiche Lorraine, 4	H	0	0	frozen
Quiche, asparagus & corn	L	0	0	loose
Quiche, cheese & onion	L	0	0	loose
Quiche, cheese & onion	H	0	0	chilled
Ratatouille	L	0	0	chilled
Real fruit centres	X	X	F	
Rice, long-grain brown	L	0	0	
Rich tea biscuits	L	H	0	
Rum & raisin log	X	X	X	frozen

BRITISH HOME STORES	Salt	Sugar	Flavour	Packaging
Salads, party	L	L	0	chilled
Smoked haddock au gratin ready meal	H	0	0	chilled
Spaghetti, wholewheat	0	0	0	
Stollen	X	X	X	
Sugar, dark Muscovado	0	H	0	
Sugar, Demerara	0	H	0	
Sugar, light Muscovado	0	H	0	
Toffees, assorted	X	X	F	
Toffees, traditional butter	L	H	F	
Truffle log	X	X	X	
Tsatsiki	L	0	0	chilled
Vegetable curry ready meal	L	0	0	chilled
Vegetable medley ready meal	H	0	0	chilled
Wheatgerm	X	0	0	
Wholewheat pasta & broccoli ready meal	L	0	0	chilled
Wholewheat pasta Mexicalli	L	0	0	chilled
Yogurt, black cherry	0	H	0	
Yogurt, creamy, banana & apricot	0	0	F	
Yogurt, creamy, exotic fruits	0	0	F	
Yogurt, English garden fruits	0	H	0	
Yogurt, natural set	0	0	0	

BRITISH HOME STORES	Salt	Sugar	Flavour	Packaging
Yogurt, natural unsweetened	0	0	0	
Yogurt, thick & fruity apricot & mango	0	H	F	
Yuletide log	X	X	X	

NOTES

NOTES

Budgen's position within this now widely debated and controversial arena is characterized above all by a lack of marketing superficiality. We are fully conversant with most of the issues involved and we will continue to keep abreast of trends both from the manufacturers' side and also in terms of monitoring shifts in consumers' buying patterns. We do not, however, believe it appropriate at this stage of the awareness building programme, where information and misinformation vie almost side by side with each other through various channels of media, to evolve yet another spurious 'information package' for consumers on healthy eating.

We would rather leave this kind of information to more expert voices, and offer our customers a more enlightened guide on diet only when the contention of the present issues has been largely resolved and a more balanced view pertains. We are, however, actively engaged in pursuing a superior formulation for our own-label products where necessary.

For some time now we have taken due cognizance of the potentially detrimental effects of certain food additives and have been discussing alternatives with our suppliers on a low-key basis. We have now accelerated this aspect of our supplier dialogue and are undergoing a complete range review which has already, and will increasingly, result in either an additive-free product specification or an 'acceptable' formulation as defined by prevailing standards. It should be pointed out, moreover, that we are indirectly promoting an enhanced diet with our own label range through an increasing product development emphasis towards very lightly processed chilled foods or fresh foods.

Consistent with the growing propensity for many consumers to be appraised with the nutritional composition of the foodstuffs they purchase, Budgen have embarked upon a relabelling exercise to update any historically launched products which did not contain this information. Needless to say it is a prime requirement of any new product launches that they conform to consumer expectations, wherever possible.

BUDGEN	Salt	Sugar	Flavour	Packaging
Apple juice	0	0	0	tetrapak
Baps, brown wholemeal	H	L	0	
Baps, floured	H	L	0	
Baps, soft	H	L	0	
Barley, pearl	0	0	0	
Beans, baked	H	L	0	can
Beans, butter, dried	0	0	0	
Beans, green, cut	X	0	0	can
Beans, green, sliced	0	0	0	frozen
Beans, haricot, dried	0	0	0	
Beans, red kidney, dried	0	0	0	
Biscuits, bourbon creams	L	H	F	
Biscuits, digestive	L	H	0	
Biscuits, rich tea	L	H	0	
Bread, wholemeal loaf	H	L	0	
Breakfast bisk	L	L	0	
Brussels sprouts	0	0	0	frozen
Buns, sesame	H	L	0	
Butter	L	0	0	
Carrots, baby	0	0	0	frozen
Carrots, sliced	L	0	0	can

BUDGEN	Salt	Sugar	Flavour	Packaging
Carrots, whole	L	0	0	can
Cauliflower florets	0	0	0	frozen
Cheese spread	0	0	0	
Cheese, Caerphilly	H	0	0	
Cheese, Cheshire	H	0	0	
Cheese, Cheddar	H	0	0	
Cheese, cottage, all types	0	0	0	
Cheese, Derby	H	0	0	
Cheese, double Gloucester	H	0	0	
Cheese, Leicester	H	0	0	
Cheese, Stilton, blue	H	0	0	
Cheese, Stilton, white	H	0	0	
Cheese, Wensleydale	H	0	0	
Chips, oven	0	0	0	frozen
Chips, straight cut	0	0	0	frozen
Coffee granules, premium	0	0	0	
Coffee granules, select blend	0	0	0	
Coffee powder, instant	0	0	0	
Coffee, Brazilian Blend	0	0	0	
Coffee, Continental freeze dried	0	0	0	
Coffee, decaffeinated freeze dried	0	0	0	

BUDGEN	Salt	Sugar	Flavour	Packaging
Coffee, French blend	0	0	0	
Coffee, special choice	0	0	0	
Cornflakes	H	H	0	
Croissants	H	L	0	
Crumpets	H	L	0	
Custard creams	L	H	F	
Ginger nuts	L	H	F	
Grapefruit juice	0	0	0	tetrapak
Honey, Australian, clear	0	0	0	
Honey, Australian, set	0	0	0	
Honey, blended, clear	0	0	0	
Honey, blended, set	0	0	0	
Honey, Mexican, clear	0	0	0	
Honey, Mexican, set	0	0	0	
Lentils	0	0	0	
Macaroni, short cut	0	0	0	
Margarine	L	0	0	
Margarine, supersoft	L	0	0	
Marmalade, thick cut	0	H	0	
Milk, semi-skimmed	0	0	0	
Milk, skimmed	0	0	0	

BUDGEN	Salt	Sugar	Flavour	Packaging
Milk, whole	0	0	0	
Muesli	L	H	0	
Oil, corn	0	0	0	
Oil, olive	0	0	0	
Oil, sunflower	0	0	0	
Oil, vegetable	0	0	0	
Orange juice	0	0	0	tetrapak
Peas	0	0	0	frozen
Peas, dried	0	0	0	
Peas, minted	0	0	0	frozen
Peas, yellow split	0	0	0	
Pie, chicken & mushroom	H	L	0	frozen
Pizza, cheese & onion	L	L	0	frozen
Pizza, cheese & tomato	L	L	0	frozen
Pizza, ham & mushroom	L	L	0	frozen
Rice, brown	0	0	0	
Rice, easy cook	0	0	0	
Rice, flaked	0	0	0	
Rice, ground	0	0	0	
Rice, long-grain	0	0	0	
Rice, pudding	0	0	0	

BUDGEN	Salt	Sugar	Flavour	Packaging
Rolls, long	H	L	0	
Rolls, white Scotch	H	L	0	
Semolina	0	0	0	
Shorties	L	H	F	
Spaghetti	0	0	0	
Tapioca, seed pearl	0	0	0	
Tea bags	0	0	0	
Tea, choice	0	0	0	
Tomato purée	L	0	0	
Vegetables, mixed	0	0	0	frozen
Vegetables, mixed	L	0	0	can
Vinegar, red wine	0	0	0	
Vinegar, white wine	0	0	0	
Wholemeals, milk chocolate	L	H	0	
Wholemeals, plain chocolate	L	H	0	

NOTES

CARREFOUR	Salt	Sugar	Flavour	Packaging
Beans in tomato sauce	H	H	F	
Beetroot, pickled	H	L	0	
Breakfast biscuits	L	L	0	
Brown sauce	H	H	F	
Cabbage, pickled	H	L	0	
Carrots	H	L	0	can
Coffee creamer	H	H	0	
Cream crackers	H	L	0	
Crisps	H	0	F	
Donuts, jam	L	H	F	
Fruit juices, all varieties	0	0	0	
Jams, all varieties	X	H	0	
Margarine	H	L	0	
Margarine, sunflower oil	H	L	0	
Marmalades, all varieties	X	H	0	
Milk, dried	0	0	0	
Milk, fresh	0	0	0	
Mincemeat	X	H	F	
Muesli	0	L	0	
Oil, cooking	0	0	0	
Oil, sunflower	0	0	0	

CARREFOUR	Salt	Sugar	Flavour	Packaging
Onions, pickled	H	L	0	
Peas	0	0	0	frozen
Peas, garden	H	L	F	can
Peas, processed	H	L	F	can
Potatoes	H	0	0	can
Rice pudding	X	L	0	can
Rice, long-grain	0	0	0	
Salad dressing	H	H	F	
Soft drinks, all varieties	0	H	F	
Soft drinks, carbonated	0	H	F	
Soft drinks, low calorie	0	L	F	
Spaghetti	H	H	F	can
Sweet mixed pickle	H	H	F	
Table jellies	0	H	F	
Tomato ketchup	H	H	F	
Vinegar	0	0	0	

NOTES

FINE
FARE

FINEFARE	Salt	Sugar	Flavour	Packaging
Almonds, blanched	0	0	0	packet
Almonds, flaked	0	0	0	loose
Almonds, flaked	0	0	0	packet
Almonds, ground	0	0	0	loose
Almonds, ground	0	0	0	packet
Apple juice, pure	0	0	0	tetrapak
Apple slices, dried	0	X	0	dried, pack your own
Apricot halves in fruit juice	0	H	0	can
Apricot halves in syrup	0	H	0	can
Barley, pearl	0	0	0	packet
Bay leaves	0	0	0	loose/dried
Beachcomber mix	X	X	X	loose
Beans in tomato sauce	L	L	F	can
Beans with sausages in tomato sauce	H	L	F	can
Beans, butter, dried	0	0	0	loose
Beans, butter, dried	0	0	0	packet
Beans, curried	L	L	0	can
Beans, in tomato sauce	H	L	F	can
Beans, mung, dried	0	0	0	loose
Beans, pinto, dried	0	0	0	loose

FINEFARE	Salt	Sugar	Flavour	Packaging
Beans, red kidney	H	L	0	can
Beans, red kidney, dried	0	0	0	loose
Beans, red kidney in chilli sauce	H	L	0	can
Beans, sliced green	0	0	0	frozen
Beans, whole green	0	0	0	frozen
Beef grillsteaks	L	0	0	frozen
Biscuits, all-butter thins	L	L	F	packet
Biscuits, bourbon creams	L	L	F	packet
Biscuits, digestive (Yellow Pack)	L	H	0	packet
Biscuits, milk chocolate wheatmeal	L	H	0	packet
Biscuits, plain chocolate ginger	L	H	0	packet
Biscuits, plain chocolate wheatmeal	L	H	0	packet
Biscuits, rich tea (Yellow Pack)	L	H	F	packet
Biscuits, wheatmeal half-coated milk chocolate flavour (Yellow Pack)	L	H	F	packet
Biscuits, wheatmeal, half-coated plain chocolate flavour (Yellow Pack)	L	H	F	packet
Blackberries in syrup	0	H	0	can
Bouquet garni	0	0	0	dried
Bread mix, wholemeal	X	X	X	
Brussels sprouts	0	0	0	frozen

FINEFARE	Salt	Sugar	Flavour	Packaging
Butter, pure dairy	H	0	0	packet
Caramel wafers, fully coated	L	H	F	packet
Carrots, sliced in salted water	H	0	0	can
Carrots, whole baby	0	0	0	frozen
Carrots, whole in salted water	H	0	0	can
Carrots, young baby in salted water	H	0	0	can
Cauliflower florets	0	0	0	frozen
Cheese & ham nibbles	H	0	F	packet
Cheese spread	X	0	0	tub
Cheese, cottage with onions & chives	L	0	0	fresh
Cheese, cottage with pineapple	L	0	0	fresh
Cheese, cottage, natural	L	0	0	fresh
Chick peas, dried	0	0	0	loose
Chicken portions, sage & onion flavour	L	L	0	fresh
Chicken spread	H	0	0	jar
Chips, oven	0	0	0	frozen
Chips, straight cut	0	0	0	frozen
Chives, dried	0	0	0	
Chocolate chip cookies	L	H	0	packet
Chocolate eclairs	L	H	F	loose
Chocolate eclairs	L	H	F	packet

FINEFARE	Salt	Sugar	Flavour	Packaging
Citrus fruit drink	0	H	0	tetrapak
Cocoa	L	L	0	loose
Cocoa	0	L	F	packet
Coconut crumble creams	L	L	F	packet
Coconut macaroons	L	H	0	packet
Coconut, desiccated	0	L	0	packet
Coconut, sweetened tenderized	0	H	0	packet
Cod fillets, plain	0	0	0	frozen
Cod fillets, skinless	0	0	0	frozen
Cod in butter sauce	H	X	0	frozen
Cod in parsley sauce	H	X	0	frozen
Coffee & chicory, instant	0	0	0	jar
Coffee beans, breakfast	0	0	0	loose
Coffee beans, Continental	0	0	0	loose
Coffee granules, instant	0	0	0	jar
Coffee granules, instant	0	0	0	jar
Coffee powder, instant	0	0	0	loose
Coffee powder, instant	0	0	0	jar
Coffee powder, instant (Yellow Pack)	0	0	0	jar
Coffee powder, instant	0	0	0	packet
Coffee, instant, gold seal freeze-dried	0	0	0	jar

FINEFARE	Salt	Sugar	Flavour	Packaging
Cooking fat, blend 'n' bake	0	0	0	packet
Corn on the cob	0	0	0	frozen
Cornflakes	L	H	0	packet
Cornish wafers	H	L	0	packet
Cream crackers	H	L	0	packet
Cream crackers (Yellow Pack)	H	X	0	packet
Cream, double	0	0	0	fresh
Cream, double	0	0	0	frozen
Cream, half, pour over sterilized	0	0	0	can
Cream, single	0	0	0	fresh
Cream, sterilized	0	0	0	can
Cream, whipping	0	0	0	fresh
Cream, whipping	0	0	0	frozen
Crisps, cheese & onion	H	X	F	packet
Crisps, ready salted	H	X	0	packet
Crisps, salt & vinegar	H	X	F	packet
Crunchy oat breakfast cereal	L	H	0	packet
Currants	0	H	0	pack your own
Currants	0	H	0	packet
Curry powder	H	0	0	loose/dried

FINEFARE	Salt	Sugar	Flavour	Packaging
Drinking chocolate	H	H	0	loose
Drinking chocolate	L	H	0	packet
Drinking chocolate	L	H	0	can
Finger wafers, fully coated	L	H	F	packet
Fish paste	H	X	0	jar
Flan case	X	X	F	packet
Frutychoc	L	H	F	loose
Garlic salt	H	0	0	loose/dried
Ginger nuts	L	H	0	packet
Ginger thins	L	L	0	packet
Gooseberries in syrup	0	H	0	can
Grapefruit juice, pure	0	0	0	tetrapak
Grapefruit segments in fruit juice	0	H	0	can
Grapefruit segments in light syrup	0	H	0	can
Grapefruit segments, broken, in light syrup	0	H	0	can
Haddock fillets, plain	0	0	0	frozen
Haddock fillets, skinless	0	0	0	frozen
Herbs, mixed, dried	0	0	0	loose
Herbs, mixed, dried	0	0	0	packet
Honey, Australian clear	0	0	0	jar
Honey, Canadian clover set	0	0	0	jar

FINEFARE	Salt	Sugar	Flavour	Packaging
Honey, clear	0	0	0	jar
Honey, Mexican clear	0	0	0	jar
Honey, set	0	0	0	jar
Honeycomb crunch bars	L	H	0	packet
Hot Calypso	X	X	X	loose
Irish stew	H	X	F	can
Jaffa cakes	L	H	0	packet
Jaffa cakes, 18 (Yellow Pack)	L	H	F	packet
Lentils	0	0	0	packet
Lentils, whole light green	0	0	0	loose
Macaroni, short cut	0	0	0	packet
Macaroni, short cut (Yellow Pack)	0	0	0	packet
Malted drink	L	H	0	jar
Malted wholewheat flakes with banana	L	H	0	loose
Malted wholewheat flakes with vinefruit	L	H	0	loose
Marjoram, dried	0	0	0	loose
Mayonnaise, lemon	L	L	F	jar
Mayonnaise, real	L	L	F	jar
Meatballs in tomato sauce	L	L	0	can
Meringue mix	X	X	X	
Milk, evaporated	0	X	0	can

FINEFARE	Salt	Sugar	Flavour	Packaging
Milk, instant	0	0	0	dried
Mint, dried	0	0	0	loose
Mint, dried	0	0	0	packet
Mint lumps	L	H	0	loose
Mints, sparkling	L	H	0	loose
Mints, sparkling	L	H	0	packet
Mintychoc	L	H	F	loose
Morning bran	L	H	0	packet
Muesli	L	H	0	loose
Muesli breakfast cereal	L	H	0	packet
Muesli, wholefood	L	H	0	packet
Mushrooms, sliced	L	0	0	can
Mushrooms, whole	L	0	0	can
Nice biscuits (Yellow Pack)	L	H	0	packet
Nuts, cashews, roast salted	H	0	0	packet
Nuts, mixed chopped	0	0	0	loose
Nuts, mixed chopped	0	0	0	packet
Nuts, mixed, roast salted	H	X	0	packet
Oatcakes, bran	H	L	0	packet
Oatcakes, traditional	H	L	0	packet
Oatmeal, medium	0	0	0	packet

FINEFARE	Salt	Sugar	Flavour	Packaging
Oil, corn, pure	0	0	0	bottle
Oil, olive	0	0	0	bottle
Oil, sunflower, pure	0	0	0	bottle
Oil, vegetable, pure	0	0	0	bottle
Oil, vegetable, pure (Yellow Pack)	0	0	0	bottle
Oil, vegetable, pure solid	0	0	0	packet
Onions, dried	0	0	0	loose
Orange juice, pure	0	0	0	tetrapak
Parsley, dried	0	0	0	loose
Parsley, dried	0	0	0	packet
Peanut butter, crunchy	L	H	0	jar
Peanut butter, smooth	L	H	0	jar
Peanuts & raisins	X	H	0	packet
Peanuts, carob coated	X	L	0	loose
Peanuts, large roast salted	H	X	0	packet
Peanuts, roasted salted	H	X	0	packet
Peanuts, yogurt covered	X	X	X	loose
Peas	0	0	0	frozen
Peas, dried	0	0	0	packet
Peas, green split	0	0	0	packet
Peas, mint	0	0	0	frozen

FINEFARE	Salt	Sugar	Flavour	Packaging
Peas, yellow split	0	0	0	packet
Pepper, whole black	0	0	0	loose/dried
Pepper, whole white	0	0	0	loose/dried
Petits pois	0	0	0	frozen
Pie filling, apple	0	H	0	can
Pineapple chunks in syrup	0	H	0	can
Pineapple juice, pure	0	0	0	tetrapak
Pineapple pieces in syrup	0	H	0	can
Pineapple slices in fruit juice	0	H	0	can
Pineapple slices in syrup	0	H	0	can
Pizza, ham & mushroom	H	L	F	frozen
Pizza, onion & cheese, individual	H	L	0	frozen
Pizza, tomato & cheese	H	L	0	frozen
Pizza, tomato & cheese, family	H	L	0	frozen
Pizza, tomato & cheese, individual	H	L	0	frozen
Pizza, tomato & cheese, snack	H	L	0	frozen
Plaice fillets, skinless	0	0	0	frozen
Poppy & sesame seed crackers	H	L	0	packet
Porridge oats	0	0	0	packet
Potatoes, new	H	0	0	can
Prunes, dried	0	H	0	

FINEFARE	Salt	Sugar	Flavour	Packaging
Prunes in syrup	0	H	0	can
Puffed wheat	L	L	0	packet
Raisins, carob coated	X	L	0	loose
Raisins, seedless	0	H	0	dried, pack your own
Raisins, seedless	0	H	0	dried
Raisins, yogurt covered	X	X	X	loose
Ratatouille	H	H	0	can
Relish, hamburger	H	H	0	jar
Rice pudding	L	H	0	can
Rice, brown	0	0	0	loose
Rice, brown	0	0	0	packet
Rice, easy cook	0	0	0	packet
Rice, ground	0	0	0	packet
Rice, pudding	0	0	0	packet
Rice, short grain	0	0	0	loose
Riceys	L	H	0	loose
Riceys	L	H	0	packet
Rich shorties	L	H	F	packet
Rosemary, dried	0	0	0	loose
Sage, dried	0	0	0	loose

FINEFARE	Salt	Sugar	Flavour	Packaging
Sage, dried	0	0	0	
Salmon, pink	H	0	0	can
Salmon, red	H	0	0	can
Salt, cooking	H	0	0	loose
Salt, cooking	H	0	0	packet
Salt, table	H	0	0	packet
Sardines in tomato sauce	L	X	0	can
Sardines in vegetable oil	L	X	0	can
Semolina	0	0	0	packet
Shortcake	L	H	F	
Sild in edible oil	H	0	0	can
Sild in tomato sauce	H	0	0	can
Snowballs	L	H	F	packet
Soup mix, quick	H	H	0	loose
Spaghetti	0	0	0	packet
Spaghetti (Yellow Pack)	0	0	0	packet
Spaghetti in tomato sauce (Yellow Pack)	H	L	0	can
Spaghetti in tomato sauce	H	L	F	can
Spaghetti rings in tomato sauce	H	L	F	can
Sponge pudding, treacle	L	X	F	can
Stuffing, parsley & thyme	H	0	0	loose

FINEFARE	Salt	Sugar	Flavour	Packaging
Stuffing, sage & onion	H	0	0	loose
Stuffing, sage & onion	H	0	0	packet
Sweetcorn	0	0	0	frozen
Sweetcorn	H	L	0	can
Tapioca, seed pearl	0	0	0	packet
Tea	0	0	0	packet
Tea	0	0	0	loose
Tea, choice selection	0	0	0	packet
Tea, strong original	0	0	0	packet
Tea bags	0	0	0	packet
Tea bags (Yellow Pack)	0	0	0	packet
Tea bags, choice selection	0	0	0	box
Tea bags, strong original	0	0	0	box
Thyme, dried	0	0	0	loose
Thyme, dried	0	0	0	packet
Toffee whirls	L	H	F	packet
Toffee, dairy	L	H	F	loose
Toffees, creamy	L	H	0	packet
Tomato juice, pure	L	0	0	tetrapak
Tomato purée	H	H	0	jar
Trail mix	X	X	X	loose

FINEFARE	Salt	Sugar	Flavour	Packaging
Tropical fruit drink	0	H	0	tetrapak
Tuna in brine	H	0	0	can
Tuna in oil	H	0	0	can
Tuna, skipjack in oil	L	0	0	can
Twigsnacks	H	X	0	packet
Vegetable broth mixture	0	0	0	packet
Vegetables, mixed	0	0	0	frozen
Vegetables, mixed (Yellow Pack)	0	0	0	frozen
Vegetables, mixed	H	0	0	can
Vegetables, stewpack	0	0	0	frozen
Vegetables, stir fry	0	0	0	frozen
Vegetables, supreme mixed	L	0	0	can
Viking pie	H	0	0	frozen
Walnut pieces	0	0	0	loose
Water, soda	L	0	0	bottle
Wheatflakes	L	H	0	packet
Wheatmeal crackers	H	L	0	packet
Whiting fillets, plain	0	0	0	frozen
Wholewheat breakfast cereal biscuits	L	H	0	packet
Yogurt, natural set	0	0	0	fresh

NOTES

HOLLAND & BARRETT	Salt	Sugar	Flavour	Packaging
Aduki burger, vegetarian	L	0	0	pre-packed
Alfalfa seeds	0	0	0	bag
Almonds, flaked	0	0	0	bag
Almonds, ground	0	0	0	bag
Almonds, split	0	0	0	bag
Apple rings	0	0	0	bag
Apricots	0	0	0	bag
Banana, dried	0	0	0	bag
Barley flakes	0	0	0	bag
Barley, pot	0	0	0	bag
Bean mix	0	0	0	bag
Beans, aduki	0	0	0	bag
Beans, black eye	0	0	0	bag
Beans, butter	0	0	0	bag
Beans, field	0	0	0	bag
Beans, flageolet	0	0	0	bag
Beans, haricot	0	0	0	bag
Beans, mung	0	0	0	bag
Beans, pinto	0	0	0	bag
Beans, red kidney	0	0	0	bag
Beans, soya	0	0	0	bag

HOLLAND & BARRETT	Salt	Sugar	Flavour	Packaging
Bran	0	0	0	bag
Brazils	0	0	0	bag
Breadcrumbs, wholewheat	0	0	0	bag
Buckwheat	0	0	0	bag
Buckwheat, roast	0	0	0	bag
Cashew pieces	0	0	0	bag
Cashews	0	0	0	bag
Chestnuts, dried	0	0	0	bag
Chick peas	0	0	0	bag
Coconut	0	0	0	bag
Coffee granules, decaffeinated	0	0	0	jar
Corn, popping	0	0	0	bag
Cous cous	0	0	0	bag
Currants	0	0	0	bag
Dates	0	0	0	bag
Figs	0	0	0	bag
Flour, buckwheat	0	0	0	bag
Flour, maize	0	0	0	bag
Flour, soya	0	0	0	bag
Hazelnuts	0	0	0	bag
Hazelnuts, ground	0	0	0	bag

HOLLAND & BARRETT	Salt	Sugar	Flavour	Packaging
Honey, pure blended	0	0	0	jar
Lasagne, wholewheat	0	0	0	carton
Lentils, Continental	0	0	0	bag
Lentils, red	0	0	0	bag
Lentils, whole green	0	0	0	bag
Macaroni, wholewheat	0	0	0	bag
Millet	0	0	0	bag
Millet flakes	0	0	0	bag
Muesli	0	0	0	bag
Muesli, high fibre	0	0	0	bag
Nuts & raisins	0	0	0	bag
Nuts, mixed	0	0	0	bag
Nuts, mixed chopped	0	0	0	bag
Peaches, dried	0	0	0	bag
Peanuts	0	0	0	bag
Pears, dried	0	0	0	bag
Peas, green split	0	0	0	bag
Peas, yellow split	0	0	0	bag
Prunes	0	0	0	bag
Prunes, large, ready to eat	0	0	0	bag
Prunes, pitted	0	0	0	bag

HOLLAND & BARRETT	Salt	Sugar	Flavour	Packaging
Pumpkin seeds	0	0	0	bag
Quiche, broccoli & low fat cheese	L	0	0	pre-packed 6 inch
Quiche, courgette & low fat cheese	L	0	0	pre-packed 6 inch
Quiche, vegetarian Cheddar & mixed peppers	L	0	0	pre-packed 6 inch
Raisins, large seeded	0	0	0	bag
Raisins, seedless	0	0	0	bag
Rice, long grain brown	0	0	0	bag
Rice, short grain brown	0	0	0	bag
Rye flakes	0	0	0	bag
Salad, fruit	0	0	0	bag
Samosas, vegetarian	L	0	0	pre-packed
Semolina	0	0	0	bag
Sesame seeds	0	0	0	bag
Soup mix	0	0	0	bag
Spaghetti, wholewheat	0	0	0	bag
Sultanas	0	0	0	bag
Sunflower seeds	0	0	0	bag
Vine fruit, mixed	0	0	0	bag
Walnut halves	0	0	0	bag
Walnut pieces	0	0	0	bag
Wheat	0	0	0	bag

HOLLAND & BARRETT	Salt	Sugar	Flavour	Packaging
Wheat flakes	0	0	0	bag
Wheat, bulgar	0	0	0	bag
Yogurt, apricot, raw sugar	0	H	0	plastic pot
Yogurt, banana, sugar free	0	0	0	plastic pot
Yogurt, black cherry, raw sugar	0	H	0	plastic pot
Yogurt, black cherry, sugar free	0	0	0	plastic pot
Yogurt, blackcurrant, raw sugar	0	H	0	plastic pot
Yogurt, forest fruits, sugar free	0	0	0	plastic pot
Yogurt, mandarin, raw sugar	0	H	0	plastic pot
Yogurt, peach melba, raw sugar	0	H	0	plastic pot
Yogurt, pineapple, raw sugar	0	H	0	plastic pot
Yogurt, pineapple, sugar free	0	0	0	plastic pot
Yogurt, raspberry, raw sugar	0	H	0	plastic pot
Yogurt, raspberry, sugar free	0	0	0	plastic pot
Yogurt, strawberry, raw sugar	0	H	0	plastic pot
Yogurt, strawberry, sugar free	0	0	0	plastic pot

NOTES

NOTES

MARKS AND SPENCER PLC

St Michael®

Current trends suggest that consumers are increasingly seeking foods that they perceive to be 'Healthier'. This new awareness includes a questioning of the use of food additives. This provides further encouragement to our on-going development of products and distribution systems which help control safety and quality without over-reliance on permitted additives.

Marks & Spencer's policy has always been to develop and use whole natural fresh foods and ingredients, free wherever possible from 'Additives'. The use of food additives in St Michael foods has been closely monitored and controlled for many years. They are used only in those products where there is a proven need on grounds of safety, wholesomeness and aesthetic appeal.

We are now adopting an even more vigorous examination of our use of additives and are reviewing each of our products to see where further elimination of additives can be made. We are presently removing colouring from our range of bread-crumbed fish products. In dairy products, we have replaced with natural ingredients all artificial colourings and flavourings in our extensive range of low fat yogurts and, at the same time, have totally removed preservatives. These developments will continue with other food products.

There are some areas where additives are essential for product safety, for example, sodium nitrite in bacon and ham. In such instances, we will not hesitate to use the appropriate additives and will concentrate our energies on controlling the level of addition to check against unnecessary usage.

The additives used are selected from within the ranges approved by Government. Careful note is taken of investigative reports, both in this country and elsewhere, before agreement is given to use additives even though they feature in MAFF permitted lists.

Because of the rapid turnover in the product lines that Marks and Spencer sell, they have not submitted individual products for this edition of the *E for Additives Supermarket Shopping Guide*.

PRESTO

The policy of Argyll Foods, parent company of Presto stores, is to avoid where possible the use of additives, both in the branded goods it purchases and in its own-label goods. To this end we are seeking from suppliers a list of additives together with a justification for each one as the basis for joint discussions. Where additives are found to contribute nothing and where their removal does not make the product unacceptable to the customer, they will be removed.

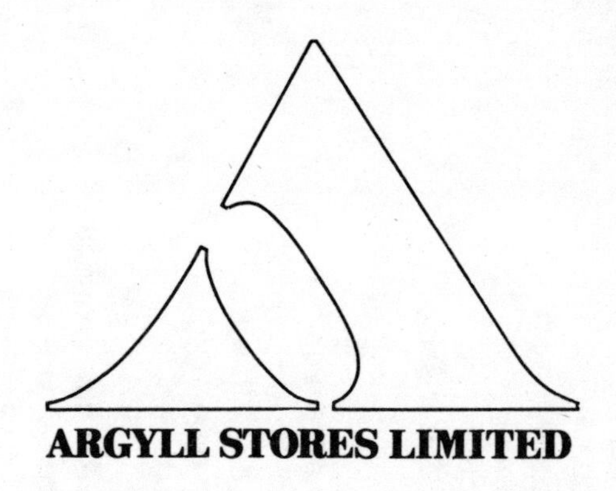

PRESTO	Salt	Sugar	Flavour	Packaging
Almonds, blanched	0	0	0	film wrap
Almonds, flaked	0	0	0	film wrap
Almonds, ground	0	0	0	film wrap
Almonds, hickory flavour	H	0	F	film wrap
Almonds, whole	0	0	0	film wrap
Apple juice, pure	0	0	0	tetrapak
Apple, peach & nut salad	L	L	0	tub
Barley, pearl	0	0	0	film wrap
Bay leaves	0	0	0	plastic drum
Beans in tomato sauce	L	H	F	can
Beans, butter	0	0	0	film wrap
Beans, red kidney, in water	L	H	0	can
Beans, sliced green	0	0	0	frozen
Beans, whole green	0	0	0	frozen
Beef suet, shredded	0	0	0	carton
Beetroot, crinkle cut in vinegar	L	L	0	glass jar
Beetroot, sliced in vinegar	L	L	0	glass jar
Beetroot, whole in vinegar	L	L	0	glass jar
Biscuits, all butter	L	H	0	film wrap
Biscuits, digestive sweetmeal	L	H	0	film wrap
Biscuits, malted milk	L	H	F	film wrap

PRESTO	Salt	Sugar	Flavour	Packaging
Bouquet garni	0	0	0	plastic drum
Bourbon creams	L	H	F	film wrap
Bread baps, wholemeal	H	L	0	waxed paper wrap
Bread, wholemeal	H	L	0	waxed paper wrap
Brussels sprouts, selected	0	0	0	frozen
Butter, creamery	H	0	0	parchment wrap
Carrots, sliced, in salted water	L	0	0	can
Carrots, whole, in salted water	L	0	0	can
Carrots, young baby	0	0	0	frozen
Cauliflower florets	0	0	0	frozen
Cereals & pulses, mixed	0	0	0	film wrap
Cheese spread	L	0	0	rounds & tubs
Cheese, Caerphilly	H	0	0	vacuum pack
Cheese, Cheshire, coloured	H	0	0	vacuum pack
Cheese, Cheshire, natural	H	0	0	vacuum pack
Cheese, cottage, natural	H	0	0	tub
Cheese, cottage, with cheddar & onion	L	0	0	tub
Cheese, cottage, with chives	H	0	0	tub
Cheese, cottage, with pineapple	L	0	0	tub
Cheese, Derby	H	0	0	vacuum pack
Cheese, double Gloucester	H	0	0	vacuum pack

PRESTO	Salt	Sugar	Flavour	Packaging
Cheese, HP Cheddar, coloured	H	0	0	vacuum pack
Cheese, HP Cheddar, natural	H	0	0	vacuum pack
Cheese, HP matured Cheddar, coloured	H	0	0	vacuum pack
Cheese, HP matured Cheddar, natural	H	0	0	vacuum pack
Cheese, Irish Cheddar	H	0	0	vacuum pack
Cheese, Lancashire	H	0	0	vacuum pack
Cheese, red Leicester	H	0	0	vacuum pack
Cheese, Scottish Cheddar, coloured	H	0	0	vacuum pack
Cheese, Scottish Cheddar, natural	H	0	0	vacuum pack
Cheese, Wensleydale	H	0	0	vacuum pack
Chicken & mushroom pie	L	0	F	film wrap
Chicken roll, breast of	H	0	0	vacuum pack
Chips, chunky (Basics)	0	0	0	frozen
Chips, golden oven	0	0	0	frozen
Chocolate chip cookies	L	H	F	film wrap
Cinnamon, ground	0	0	0	plastic drum
Coconut, desiccated	0	0	0	film wrap
Cod fillets, prime	0	0	0	frozen
Coffee & chicory powder, instant	0	0	0	glass jar
Coffee granules, instant	0	0	0	glass jar
Coffee powder, instant	0	0	0	glass jar

PRESTO	Salt	Sugar	Flavour	Packaging
Coffee powder, instant (Basics)	0	0	0	carton
Coffee powder, instant, Brazilian Blend	0	0	0	glass jar
Coffee, ground, Continental Blend	0	0	0	carton
Coffee, ground, Original Blend	0	0	0	carton
Coffee, ground, Original Blend filter fine	0	0	0	carton
Coffee, ground, Special Blend	0	0	0	carton
Coffee, instant, Contintental Roast freeze dried	0	0	0	glass jar
Coffee, instant, Gold Roast freeze dried	0	0	0	glass jar
Coleslaw with mayonnaise	L	L	0	tub
Coley fillets, prime	0	0	0	frozen
Corn flakes	H	H	0	carton
Cornflour	0	0	0	carton
Cornish pasty	H	0	0	film wrap
Cream crackers	L	H	0	film wrap
Cream, fresh double, pasteurised	0	0	0	tub
Cream, fresh single, pasteurised	0	0	0	tub
Cream, fresh soured	0	0	0	tub
Cream, fresh spooning, pasteurised	0	0	0	tub
Cream, fresh whipping, pasteurised	0	0	0	tub
Crunchy whole wheat flakes (Basics)	L	L	0	film wrap
Currants, ready washed	0	0	0	film wrap

PRESTO	Salt	Sugar	Flavour	Packaging
Curry powder	H	0	0	plastic drum
Custard creams	L	H	F	film wrap
Custard creams (Basics)	L	H	F	film wrap
Devon toffees (Basics)	L	H	F	film wrap
Drinking chocolate	L	H	F	can
Drinking chocolate (Basics)	L	H	F	carton
Dutch crisbakes, original	L	H	0	waxed paper wrap
Dutch crisbakes, wholewheat	L	H	0	waxed paper wrap
Flour, plain	0	0	0	paper bag
Flour, self-raising	0	0	0	paper bag
Fruit shortcake	L	H	0	film wrap
Garibaldi biscuits	L	H	0	film wrap
Ginger nuts (Basics)	L	H	F	film wrap
Ginger, ground	0	0	0	plastic drum
Grapefruit juice, pure	0	0	0	tetrapak
Haddock fillets, prime	0	0	0	frozen
Haddock fillets, skinless	0	0	0	frozen
Hazelnuts	0	0	0	film wrap
Herbs, mixed, dried	0	0	0	plastic drum
High fibre bran cereal	H	H	0	carton
Honey, clear	0	0	0	glass jar

PRESTO	Salt	Sugar	Flavour	Packaging
Honey, set	0	0	0	glass jar
Hot oats cereal	0	0	0	carton
Jaffa cakes	0	H	F	film wrap
Lentils, split	0	0	0	film wrap
Macaroni, finest cut	0	0	0	film wrap
Macaroni, finest cut (Basics)	0	0	0	film wrap
Mandarin orange segments, in light syrup	0	H	0	can
Margarine	H	0	F	parchment wrap
Margarine, soft	H	0	F	tub
Margarine, soft (Basics)	H	0	F	tub
Margarine, sunflower	H	0	F	tub
Mayonnaise	L	0	F	glass jar
Milk chocolate digestive bars, 5	L	H	0	film wrap
Milk chocolate shortcake bars, 5	L	H	F	film wrap
Milk chocolate wafer fingers	L	H	F	film wrap
Milk, evaporated	0	0	0	can
Milk, skimmed dried with veg fat, 5 Quick Pints	0	H	0	plastic bottle
Milk, skimmed instant, low fat, spray-dried	0	0	0	can
Mint, dried	0	0	0	plastic drum
Mixed spice, ground	0	0	0	plastic drum
Muesli (Basics)	L	H	0	film wrap

PRESTO	Salt	Sugar	Flavour	Packaging
Mushrooms, sliced in salted water	L	0	0	can
Mushrooms, whole in salted water	L	0	0	can
Nice biscuits	L	H	F	film wrap
Nutmeg, ground	0	0	0	plastic drum
Nuts & fruit, mixed	0	0	0	film wrap
Nuts & fruit, mixed coated in dried vanilla flavour yogurt	0	H	F	film wrap
Nuts, Brazil	0	0	0	film wrap
Nuts, chopped mixed	0	0	0	film wrap
Oil, blended vegetable	0	0	0	plastic bottle
Oil, blended vegetable (Basics)	0	0	0	plastic bottle
Oil, pure corn	0	0	0	plastic bottle
Oil, pure olive	0	0	0	plastic bottle
Oil, pure solid vegetable	0	0	0	parchment wrap
Oil, pure soya	0	0	0	plastic bottle
Oil, pure sunflower	0	0	0	plastic bottle
Orange creams	L	H	F	film wrap
Orange juice, pure	0	0	0	tetrapak
Oregano, dried	0	0	0	plastic drum
Paprika, ground	0	0	0	plastic drum
Parsley, dried	0	0	0	plastic drum

PRESTO	Salt	Sugar	Flavour	Packaging
Peach halves in syrup	0	H	0	can
Peaches sliced in syrup	0	H	0	can
Peanut butter, crunchy	H	L	0	glass jar
Peanut butter, smooth	H	L	0	glass jar
Peanut kernels	0	0	0	film wrap
Peanuts & Raisins	0	0	0	film wrap
Peanuts, dry roasted	H	0	F	film wrap
Peanuts, salted	H	0	0	film wrap
Pear halves in syrup	0	H	0	can
Peas, dried marrowfat	0	0	0	film wrap
Peas, garden	0	0	0	frozen
Peas, garden (Basics)	0	0	0	frozen
Peas, yellow split	0	0	0	film wrap
Pepper, black ground	0	0	0	plastic drum
Pepper, black whole	0	0	0	plastic drum
Pepper, white ground	0	0	0	plastic drum
Pineapple juice, pure	0	0	0	tetrapak
Pizza with cheese & tomato	L	L	0	frozen
Pizza with ham & mushroom	L	L	0	frozen
Pizza, tomato & cheese (Basics)	L	L	0	frozen
Plaice fillets, prime	0	0	0	frozen

PRESTO	Salt	Sugar	Flavour	Packaging
Pork roast, prime	L	0	0	frozen
Potatoes, new, in salted water	H	0	F	can
Prawns, cooked, peeled	H	0	0	frozen
Prunes in syrup	0	H	0	can
Quick porridge oats	0	0	0	carton
Quick porridge oats (Basics)	0	0	0	film wrap
Raisins, seedless, ready washed	0	0	0	film wrap
Rice crunchies	H	H	0	carton
Rice, easy cook	0	0	0	film wrap
Rice, long grain	0	0	0	film wrap
Rice, long grain (Basics)	0	0	0	film wrap
Rice, round grain	0	0	0	film wrap
Rich shorties	L	H	F	film wrap
Rich tea fingers	L	H	F	film wrap
Rich tea fingers (Basics)	L	H	0	film wrap
Rosemary, dried	0	0	0	plastic drum
Sage, dried	0	0	0	plastic drum
Salad, cheese & pineapple	L	L	0	tub
Salad, curried vegetable	L	L	0	tub
Salad, mixed vegetable	L	L	0	tub
Salad, potato with chives	L	L	0	tub

PRESTO	Salt	Sugar	Flavour	Packaging
Salt, pure cooking	H	0	0	film wrap
Salt, table, free flowing	H	0	0	plastic drum
Shortbread, all butter assortment	L	H	0	film wrap
Shortbread, all butter fingers	L	H	0	film wrap
Shortbread, all butter, petticoat tails	L	H	0	film wrap
Shortcake	L	H	0	film wrap
Shortcake (Basics)	L	H	0	film wrap
Spaghetti	0	0	0	film wrap
Spaghetti (Basics)	0	0	0	film wrap
Stuffing mix, parsley & thyme	H	L	F	carton
Stuffing mix, sage & onion	H	L	0	carton
Sugar, Demerara, natural raw cane	0	H	0	film wrap
Sweetcorn with red peppers in water	L	L	0	can
Sweetcorn, sun ripe	0	0	0	frozen
Sweetcorn, whole kernel in water	L	L	0	can
Swiss style breakfast cereal	L	H	0	carton
Tartare sauce	H	H	F	glass jar
Tea	0	0	0	carton
Tea-bags	0	0	0	carton
Tea-bags (Basics)	0	0	0	carton
Thyme, dried	0	0	0	plastic drum

PRESTO	Salt	Sugar	Flavour	Packaging
Tomatoes, peeled plum, in tomato juice	0	0	0	can
Tropical fruit drink	0	H	F	tetrapak
Vegetables, mixed	0	0	0	frozen
Vegetables, mixed, casserole	0	0	0	frozen
Vegetables, mixed, in salted water	L	0	0	can
Vegetables, special, mixed	0	0	0	frozen
Vinegar, distilled malt	0	0	0	glass bottle
Walnuts	0	0	0	film wrap
Water, mineral, sparkling natural	0	0	0	glass bottle
Water, soda	0	0	0	glass bottle
Whiting fillets, skinless	0	0	0	frozen
Whole wheat cereal, breakfast bisk	L	L	0	carton
Yogurt, black cherry, low fat	0	H	F	tub
Yogurt, fruits of the forest, low fat	0	H	F	tub
Yogurt, hazelnut, low fat	0	H	0	tub
Yogurt, natural low fat	0	0	0	tub

NOTES

NOTES

SAFEWAY

SAFEWAY	Salt	Sugar	Flavour	Packaging
Almonds, ground	0	0	0	
Almonds, sugared	0	H	0	box
Almonds, whole	0	0	0	
Alutikian	H	0	0	delicatessen
Apple juice, fresh English	0	0	0	carton
Apple juice, long life English	0	0	0	
Apple juice, pure	0	0	0	
Apple juice, sparkling	0	0	0	bottle
Barley, pearl	0	0	0	
Bay leaves	0	0	0	
Beans, baked	H	L	0	can
Beans, broad	0	0	0	frozen
Beans, butter	0	0	0	dried
Beans, cut green	0	0	0	frozen
Beans, haricot	0	0	0	dried
Beans, red kidney	H	H	0	can
Beans, sliced green	H	0	0	can
Beans, sliced green	0	0	0	frozen
Beans, whole green	H	0	0	can
Beans, whole green	0	0	0	frozen
Beef spread	H	0	0	delicatessen

SAFEWAY	Salt	Sugar	Flavour	Packaging
Beef, topside, cooked	H	L	0	vacuum packed
Beef, topside, cooked	H	L	0	delicatessen
Beefburger	H	L	F	frozen
Beefburger, quarter-pounder	H	L	F	frozen
Beefy drink	H	0	X	jar
Bouquet Garni	0	0	0	
Brazil nuts, milk chocolate	0	H	F	box
Brazil nuts, plain chocolate	0	H	F	box
Broccoli spears	0	0	0	frozen
Brussels sprouts	0	0	0	frozen
Burger, economy	H	L	F	frozen
Butter, Cornish	H	0	0	
Butter, Devon roll	H	0	0	
Butter, English, garlic	H	0	0	
Butter, English salted, sweet cream	H	0	0	
Butter, Scandinavian style slightly salted	H	0	0	
Butter, Scandinavian style unsalted	0	0	0	
Butter, Welsh, herb & garlic	H	0	0	
Cabbage, fresh shredded	0	0	0	tray
Caraway seeds	0	0	0	
Carrots, baby	0	0	0	frozen

SAFEWAY	Salt	Sugar	Flavour	Packaging
Carrots, sliced	H	0	0	can
Carrots, sliced, with no added salt	0	0	0	can
Carrots, whole	H	0	0	can
Carrots, whole, with no added salt	0	0	0	can
Cauliflower	0	0	0	frozen
Cauliflower cheese	L	0	0	chilled
Cayenne pepper	0	0	0	
Cheese, Bel Paese	X	0	0	delicatessen
Cheese, Belle Normande	X	0	0	delicatessen
Cheese, blue Cheshire	H	0	0	
Cheese, blue Stilton	H	0	0	
Cheese, blue Wensleydale	H	0	0	
Cheese, blue, full fat soft	H	0	0	
Cheese, Brie	H	0	0	
Cheese, Caerphilly	H	0	0	
Cheese, Camembert	H	0	0	
Cheese, Cheddar	H	0	0	
Cheese, Cheshire	H	0	0	
Cheese, cooking	H	0	0	
Cheese, cottage	H	0	0	
Cheese, cottage, with Cheddar & onion	H	0	0	

SAFEWAY	Salt	Sugar	Flavour	Packaging
Cheese, cottage, with chives	H	0	0	
Cheese, cottage, with date & walnut	H	0	0	
Cheese, cottage, with onion & peppers	H	0	0	
Cheese, cottage, with pineapple	H	0	0	
Cheese, cottage, with prawns	H	0	0	
Cheese, cottage, with salmon & cucumber	H	0	0	
Cheese, curd, medium fat	H	0	0	
Cheese, Derby	H	0	0	
Cheese, double Gloucester	H	0	0	
Cheese, Esrom, medium fat soft	H	0	0	
Cheese, Gloucester	H	0	0	
Cheese, goat milk	X	0	0	delicatessen
Cheese, herb Roulé	L	0	0	delicatessen
Cheese, Huntsman	H	0	0	
Cheese, Ilchester Cheddar	H	0	0	
Cheese, Jarlesberg	X	0	0	delicatessen
Cheese, Lancashire	H	0	0	
Cheese, Lymeswold	H	0	0	
Cheese, Maasdam	X	0	0	delicatessen
Cheese, Melbury	H	0	0	delicatessen
Cheese, mini Cheddar & herbs	H	0	0	delicatessen

SAFEWAY	Salt	Sugar	Flavour	Packaging
Cheese, mini Cheddar & mustard	H	0	0	delicatessen
Cheese, mini double Gloucester & chives	H	0	0	delicatessen
Cheese, mini sage Derby	H	0	0	delicatessen
Cheese, mountain Gorgonzola	H	0	0	
Cheese, Mozzarella	L	0	0	
Cheese, Mycella	X	0	0	delicatessen
Cheese, Parmesan	H	0	0	
Cheese, Pipo Crème	X	0	0	
Cheese, Port Salut	H	0	0	
Cheese, Pyrenean	X	0	0	delicatessen
Cheese, processed Cheddar slices	H	0	0	delicatessen
Cheese, processed slices	H	0	0	delicatessen
Cheese, Rambol walnut	X	0	0	delicatessen
Cheese, red Cheshire	H	0	0	
Cheese, red Leicester	H	0	0	
Cheese, Ricotta	L	0	0	
Cheese, Roquefort	H	0	0	
Cheese, sage Derby	H	0	0	
Cheese, soft, full fat	H	0	0	
Cheese, soft, full fat, with chives	H	0	0	
Cheese, soft, full fat, with herbs & garlic	X	0	0	delicatessen

SAFEWAY	Salt	Sugar	Flavour	Packaging
Cheese, soft, full fat, with pepper	X	0	0	delicatessen
Cheese, soft, low fat	L	0	0	
Cheese, soft, skimmed milk	0	0	0	
Cheese, Somerset Brie	L	0	0	delicatessen
Cheese, superb creamery	H	0	0	
Cheese, Tilsit	H	0	0	
Cheese, traditional Normandy Drakkar	X	0	0	
Cheese, Vieux Pane	X	0	0	delicatessen
Cheese, Wensleydale	H	0	0	
Cheese, white Stilton	H	0	0	
Chicken breasts, en croûte	L	0	F	fresh
Chicken Cordon Bleu	L	0	0	fresh
Chicken Kiev	0	0	0	fresh
Chicken livers, home produced	0	0	0	fresh
Chicken Maryland	0	0	0	fresh
Chilli Con Carne	L	0	0	chilled
Chips, oven	0	0	0	frozen
Chips, potato	0	0	0	frozen
Chives	0	0	0	
Chocolate baubles	0	H	0	box
Chocolate buttons, milk	0	H	0	packet

SAFEWAY	Salt	Sugar	Flavour	Packaging
Chocolate Father Christmas	0	H	0	box
Chocolate hazelnut spread	L	H	F	
Chocolate mini coins	0	H	F	box
Chocolate mini eggs	0	H	X	box
Cinnamon	0	0	0	
Cloves	0	0	0	
Cocoa	0	0	F	
Coconut, desiccated	0	0	0	
Cod fillets	0	0	0	frozen
Cod, in batter	L	0	0	frozen
Cod, in breadcrumbs	L	0	0	frozen
Cod's roe, fresh smoked	H	0	0	delicatessen
Coffee beans	0	0	0	
Coffee granules, instant	0	0	0	
Coffee powder	0	0	0	
Coffee, filter, all types	0	0	0	
Coffee, freeze dried (Choice)	0	0	0	
Coffee, freeze dried, decaffeinated	0	0	0	
Coffee, Gold	0	0	0	
Coffee, ground, all types	0	0	0	
Coffee, with chicory	0	0	0	

SAFEWAY	Salt	Sugar	Flavour	Packaging
Coleslaw	L	L	0	tub
Coleslaw, low calorie	L	L	0	delicatessen
Coleslaw, low calorie	L	L	0	tub
Coleslaw, prawn	L	L	0	delicatessen
Conserve, apricot	0	H	0	
Conserve, black cherry, Swiss	0	H	0	
Conserve, blackcurrant	0	H	0	
Conserve, morello cherry	0	H	0	
Conserve, raspberry	0	H	0	
Conserve, strawberry	0	H	0	
Corn on the cob	0	0	0	frozen
Corn, mini	0	0	0	frozen
Cornflakes	H	H	0	
Cornflour	0	0	0	
Cornish wafer	H	0	0	biscs for cheese box
Courgettes	0	0	0	frozen
Courgettes, stir fry	0	0	0	tray
Cream crackers	H	0	0	assorted biscs pack
Cream, double	0	0	0	

SAFEWAY	Salt	Sugar	Flavour	Packaging
Cream, extra thick	0	0	0	
Cream, half	0	0	0	
Cream, single	0	0	0	
Cream, soured	0	0	0	
Cream, sterilised	0	0	0	can
Cream, whipping	0	0	0	
Crisps, ready salted	H	0	0	
Crunchy cereal	L	H	0	
Currants	0	0	0	
Curry powder	0	0	0	
Curry powder, Madras	0	0	0	
Custard creams	L	H	F	assorted biscs pack
Custard creams	L	H	F	assorted creams pack
Dolmades	H	0	0	delicatessen
Dressing, French oil	H	0	0	
Dressing, garlic oil	H	0	0	
Dressing, Italian oil	H	0	0	
Dressing, mustard oil	H	0	0	
Drinking chocolate	0	L	F	

SAFEWAY	Salt	Sugar	Flavour	Packaging
Eel, shoestring fillets	H	0	0	delicatessen
Eel, whole, smoked	H	0	0	delicatessen
Eleven plus	0	L	0	
Fibre bran	H	H	0	
Finger creams	L	H	F	assorted creams pack
Fish fingers	L	0	0	frozen
Fish fingers, prime cod	L	0	0	frozen
Flour, plain	0	0	0	
Flour, self raising	0	0	0	
Flour, wholewheat, strong plain	0	0	0	
Fruit cake, all butter wheatmeal	L	H	0	clear plastic wrap
Gherkins, midget	H	L	0	delicatessen
Ginger creams	L	H	F	
Ginger, ground	0	0	0	
Grape juice, red sparkling	0	0	0	bottle
Grape juice, red, long life	0	0	0	
Grape juice, white sparkling	0	0	0	bottle
Grape juice, white, long life	0	0	0	
Grapefruit juice, pure	0	0	0	
Grapefruit juice, Texan ruby red	0	0	0	carton

SAFEWAY	Salt	Sugar	Flavour	Packaging
Haddock fillets	0	0	0	frozen
Haddock in batter	L	0	0	frozen
Haddock in breadcrumbs	L	0	0	frozen
Halva	0	H	0	delicatessen
Halva, almond	0	H	0	delicatessen
Halva, chocolate	0	H	F	delicatessen
Halva, peanut	0	H	F	delicatessen
Halva, pistachio	0	H	F	delicatessen
Halva, vanilla	0	H	F	delicatessen
Halva, vanilla with honey	0	H	F	delicatessen
Hawaiian drink	0	L	0	carton
Herbs, mixed	0	0	0	
Herrings, loose pickling	H	0	0	delicatessen
Herrings, matjes	H	0	0	delicatessen
Herrings, roll mop	H	H	0	delicatessen
Honey, Canadian	0	0	0	
Honey, clear	0	0	0	
Honey, Mexican	0	0	0	
Honey, set	0	0	0	
Hot oat cereal	0	0	0	
Houmous	H	0	0	delicatessen

SAFEWAY	Salt	Sugar	Flavour	Packaging
Jam, apricot, no added sugar	0	0	0	
Jam, blackcurrant, no added sugar	0	0	0	
Jam, raspberry, no added sugar	0	0	0	
Jam, strawberry, no added sugar	0	0	0	
Kebabs, beef	0	0	0	chilled
Kebabs, lamb	0	0	0	chilled
Kebabs, pork	0	0	0	chilled
Keftedes	L	0	0	delicatessen
Kouskous	L	0	0	delicatessen
Lasagne, egg	L	0	0	
Lasagne, verdi, egg	L	0	0	
Lentils, dried split	0	0	0	
Loaves, stoneground wholemeal sliced	H	0	0	pre-packed
Macaroni	0	0	0	
Malibu mix	0	0	0	
Malted food drink	L	L	0	
Mandarins, Spanish, in light syrup	0	H	0	can
Margarine, cooking	H	0	0	
Margarine, deluxe	H	0	0	
Margarine, soya	L	0	0	
Margarine, sunflower	H	0	0	

SAFEWAY	Salt	Sugar	Flavour	Packaging
Margarine, sunflower, salt free	0	0	0	
Margarine, table	H	0	0	
Marjoram	0	0	0	
Marmalade, no added sugar	0	0	0	
Mayonnaise	L	L	0	
Mayonnaise, American style	L	L	0	
Mayonnaise, garlic	L	L	0	
Mayonnaise, lemon	L	L	0	
Mayonnaise, mild curry	L	L	0	
Mayonnaise, mustard	L	L	0	
Meringue nests	0	H	0	box
Mexicana mix	0	0	0	
Milk chocolate biscuits, half covered	L	H	F	assorted biscs pack
Milk, dried Fast Pints	0	0	0	
Milk, evaporated	0	0	0	can
Milk, fresh pasteurised	0	0	0	
Milk, instant dried	0	0	0	
Milk, soya	L	L	0	
Milk, sterilised	0	0	0	bottle
Milk, UHT	0	0	0	carton

SAFEWAY	Salt	Sugar	Flavour	Packaging
Mint, dried	0	0	0	
Moussaka	L	0	0	chilled
Muffins, wholemeal	H	L	0	plastic bag
Mushroom à la grecque	H	0	0	delicatesen
Mushrooms, sliced	H	0	0	can
Mushrooms, stir fry	0	0	0	tray
Mushrooms, whole button	H	0	0	can
Nutmeg, ground	0	0	0	
Nutmeg, whole	0	0	0	
Nuts & fruit, mixed	0	0	0	
Nuts, mixed roasted salted	H	0	0	
Oil, corn	0	0	0	
Oil, olive	0	0	0	
Oil, olive, extra virgin	0	0	0	
Oil, soya	0	0	0	
Oil, sunflower	0	0	0	
Oil, vegetable	0	0	0	
Olives, black, all varieties	H	0	0	delicatessen
Olives, green, all varieties	H	0	0	delicatessen
Olives, stuffed	H	0	0	delicatessen
Onion Bhajia	L	0	0	delicatessen

SAFEWAY	Salt	Sugar	Flavour	Packaging
Onions, sliced	0	0	0	frozen
Orange & apricot drink	0	H	0	carton
Orange & apricot drink, long life	0	H	0	
Orange C	0	H	0	
Orange juice	0	0	0	carton, chilled
Orange juice, pure	0	0	0	carton, long life
Oregano	0	0	0	
Paprika	0	0	0	
Parsley	0	0	0	
Pasta bows	0	0	0	
Pasta quills	0	0	0	
Pasta shells	0	0	0	
Pasta twists	0	0	0	
Paste, crab	H	0	F	jar
Paste, salmon	H	0	0	delicatessen
Paste, salmon & shrimp	H	0	0	jar
Pâté, salmon	L	0	F	delicatessen
Peach halves in fruit juice	0	0	0	can
Peach halves in syrup	0	H	0	can
Peach slices in fruit juice	0	0	0	can
Peach slices in syrup	0	H	0	can

SAFEWAY	Salt	Sugar	Flavour	Packaging
Peaches & pears in syrup	0	H	0	can
Peanut butter, crunchy	L	0	0	
Peanut butter, smooth	L	0	0	
Peanuts, blanched & raisins	0	0	0	
Peanuts, raisins & chocolate chips	0	0	0	
Peanuts, roasted salted	H	0	0	
Peanuts, shelled	0	0	0	
Pear halves in natural juice	0	0	0	can
Pear halves in syrup	0	H	0	can
Pear quarters in natural juice	0	0	0	can
Pear quarters in syrup	0	H	0	can
Peas	0	0	0	frozen
Peas, dried	0	0	0	
Peas, dried split	0	0	0	
Peas, minted	L	L	F	frozen
Pepper, black	0	0	0	
Pepper, white	0	0	0	
Peppercorns, black	0	0	0	
Peppercorns, white	0	0	0	
Peppers, mixed	0	0	0	frozen
Petit pois	L	L	0	can

SAFEWAY	Salt	Sugar	Flavour	Packaging
Petit pois	0	0	0	frozen
Petticoat Tails	L	H	0	
Pineapple juice	0	0	0	carton, chilled
Pineapple juice, pure	0	0	0	carton, longlife
Pineapple pieces in natural juice	0	0	0	can
Pineapple rings in natural juice	0	0	0	can
Pineapple, crushed, in natural juice	0	0	0	can
Pizza bread, wholemeal, 7 & 10 inch	L	L	0	
Pizza, vegetable, wholemeal	L	L	0	
Plaice fillets	0	0	0	frozen
Pork, leg, cooked	H	L	0	vacuum packed
Pork, leg, cooked	H	L	0	delicatessen
Porridge oats	0	0	0	
Potatoes, Jersey Royal	H	0	F	can
Potatoes, new, small	0	0	F	can
Prunes, dried	0	0	0	
Quiche, Espagne	0	0	0	box
Quick cooking oats	0	0	0	
Raisins	0	0	0	
Ratatouille	L	L	0	can
Ratatouille	0	0	0	frozen

SAFEWAY	Salt	Sugar	Flavour	Packaging
Ratatouille, fresh vegetables	0	0	0	tray
Ravioli	H	L	0	can
Rice crunchies	H	H	0	
Rice, basmati	0	0	0	
Rice, brown	0	0	0	
Rice, easy cook	0	0	0	
Rice, flaked	0	0	0	
Rice, ground	0	0	0	
Rice, long grain	0	0	0	
Rice, pudding	0	0	0	dried
Rice pudding, creamed	0	H	0	can
Rice, traditional creamed	0	H	0	can
Rolls, snack wholemeal	H	L	0	plastic bag
Sage	0	0	0	
Salad, Acapulco	0	0	0	delicatessen
Salad, apple & coleslaw	L	L	0	delicatessen
Salad, apple & peach	0	0	0	delicatessen
Salad, apple & sultana	L	L	0	tub
Salad, bean, mixed	L	L	0	can
Salad, beetroot & orange	0	0	0	delicatessen
Salad, carrot & nut, crunchy	0	0	0	tub

SAFEWAY	Salt	Sugar	Flavour	Packaging
Salad, celery & chicken	0	0	0	delicatessen
Salad, cheese, pineapple & wholemeal pasta	0	0	0	tub
Salad, chicken in sweet & sour sauce	L	H	0	delicatessen
Salad, Chinese beansprout	L	0	0	delicatessen
Salad, Chinese leaf and sweetcorn	0	0	0	tray
Salad, coleslaw	L	L	0	delicatessen
Salad, corn	0	0	0	delicatessen
Salad, cucumber & orange in yoghurt dressing	L	0	0	delicatessen
Salad, egg, potato & onion	L	0	0	delicatessen
Salad, Florida	0	0	0	delicatesen
Salad, leek	0	0	0	delicatessen
Salad, Madras rice	L	0	0	delicatessen
Salad, mixed vegetables in French dressing	L	L	0	delicatessen
Salad, mixed, with beansprouts	0	0	0	tray
Salad, potato	L	L	0	tub
Salad, potato, coarse cut	L	L	0	delicatessen
Salad, potato, new	L	0	0	delicatessen
Salad, potato, spicy	L	L	0	tub
Salad, red kidney bean	0	0	0	delicatessen
Salad, rice	L	0	0	tub
Salad, rice & vegetable	0	0	0	delicatessen

SAFEWAY	Salt	Sugar	Flavour	Packaging
Salad, Russian	L	L	0	delicatessen
Salad, Spanish	L	L	0	delicatessen
Salad, Spanish	L	L	0	tub
Salad, vegetable	L	L	0	tub
Salad, walnut & apple	0	0	0	tray
Salmon, grilse, smoked	H	0	0	delicatessen
Salmon, smoked	H	0	0	delicatessen
Salmon, smoked, sliced	H	0	0	delicatessen
Salmon, smoked, sliced, imported	H	0	0	delicatessen
Salt, cooking	H	0	0	
Salt, table	H	0	0	
Samosa, meat	H	0	0	delicatessen
Samosa, vegetable	H	0	0	delicatessen
Sardines in oil	H	0	0	can
Sardines in tomato sauce	H	0	0	can
Sauce, Bolognese	H	L	0	jar
Sauce, cranberry	0	H	0	jar
Sauce, tartare, yoghurt	H	L	0	chilled
Savoury spread	H	0	F	
Savoury twigs	H	0	0	
Scottish oatcakes	H	0	0	assortedbiscs pack

SAFEWAY	Salt	Sugar	Flavour	Packaging
Semolina, dried	0	0	0	
Sesame crackers	H	0	F	
Shortbread fingers	L	H	0	
Soup, cream of tomato	L	L	0	can
Spaghetti, long	0	0	0	
Spaghetti, short	0	0	0	
Spinach, chopped	0	0	0	frozen
Spinach, creamed	L	0	0	frozen
Spinach, leaf	0	0	0	frozen
Spinach, mini portions	0	0	0	frozen
Spread, low fat	H	0	0	
Spring roll, Chinese style chicken	H	0	0	delicatessen
Spring roll, Chinese style vegetable	H	0	0	delicatessen
Stir fry, Oriental	0	0	0	frozen
Stir fry, risotto	0	0	0	frozen
Stir fry, Southern	0	0	0	frozen
Stuffing mix, parsley & thyme	H	0	0	packet
Stuffing mix, sage & onion	H	0	0	packet
Suet	0	0	0	
Sweetcorn	0	0	0	frozen
Swiss style cereal	L	H	0	

SAFEWAY	Salt	Sugar	Flavour	Packaging
Tahinasalata	H	0	0	delicatessen
Tapioca, seed pearl	0	0	0	
Tea bags	0	0	0	
Tea, Earl Gray	0	0	0	
Tea, premium	0	0	0	
Tea, special	0	0	0	
Thyme	0	0	0	
Tomato juice	L	0	0	carton
Tropical fruit drink	0	H	0	carton
Trout, fresh smoked	H	0	0	delicatessen
Tsatsiki	H	0	0	delicatessen
Turkey, cooked	H	L	0	vacuum packed
Turkey, cooked	H	L	0	delicatessen
Vegetable pattie	H	0	0	delicatessen
Vegetables, mixed	0	0	0	frozen
Vegetables, mixed casserole	0	0	0	frozen
Vegetables, mixed Continental	H	0	0	can
Vegetables, mixed farmhouse	0	0	0	frozen
Vegetables, mixed special	0	0	0	frozen
Vinegar, cider	0	0	0	
Vinegar, distilled	0	0	0	

SAFEWAY	Salt	Sugar	Flavour	Packaging
Vinegar, red wine	0	0	0	
Vinegar, white wine	0	0	0	
Wafers	L	H	F	assorted biscs pack
Wafers	L	H	F	assorted creams pack
Water, natural sparkling	0	0	0	
Water, natural still	0	0	0	
Water, soda	0	0	0	
Whole wheat biscuits	L	L	0	
Whole wheat flakes	L	L	0	
Yoghurt, apple	0	H	F	
Yoghurt, apple & rhubarb, fresh milk unsweetened	0	0	0	
Yoghurt, black cherry	0	H	F	
Yoghurt, black cherry, velvet	0	H	F	
Yoghurt, blackcurrant	0	H	F	
Yoghurt, blueberry	0	H	F	
Yoghurt, chocolate	L	H	F	
Yoghurt, coconut	0	H	F	
Yoghurt, elderberry & cherry	0	H	F	

SAFEWAY	Salt	Sugar	Flavour	Packaging
Yoghurt, exotic, French style	0	H	F	
Yoghurt, fruit of the forest	0	H	F	
Yoghurt, hazelnut	0	H	F	
Yoghurt, lemon, French style	0	H	F	
Yoghurt, lychee	0	H	F	
Yoghurt, mandarin	0	H	F	
Yoghurt, natural	0	0	0	
Yoghurt, natural set	0	0	0	
Yoghurt, orange, fresh milk unsweetened	0	0	0	
Yoghurt, passion fruit & melon	0	H	F	
Yoghurt, peach & papaya	0	H	F	
Yoghurt, peach melba, fresh milk unsweetened	0	0	0	
Yoghurt, peach, pineapple & passion fruit, fresh milk unsweetened	0	0	0	
Yoghurt, pear & raspberry	0	H	F	
Yoghurt, raspberry, fresh milk unsweetened	0	0	0	
Yoghurt, strawberry, French style	0	H	F	
Yoghurt, strawberry, fresh milk unsweetened	0	0	0	
Yoghurt, tropical	0	H	F	
Yoghurt, tropical fruit, velvet	0	H	F	
Yoghurt, vanilla, French style	0	H	F	

SAFEWAY	Salt	Sugar	Flavour	Packaging
Yogurt dressing, blue cheese	L	0	F	chilled
Yogurt dressing, herb & garlic	H	L	0	chilled
Yogurt dressing, thousand island	H	L	0	chilled

NOTES

NOTES

SAINSBURY'S

For some considerable time Sainsbury's has been conscious of an increasing awareness and concern among consumers on the subject of artificial additives. As a direct result of this we have categorized artificial additives under three headings:

1 Those considered to be entirely harmless.

2 Those artificial additives we should like to replace in the long term with natural counterparts if they are available.

3 Those additives, the majority of which are colourings, where there is some information suggesting a small section of the population may be adversely affected by them.

It is in the last category that our buyers and food technologists have concentrated during 1985. However, even earlier than this, we had begun work on the reduction of additives in several of our own-label lines including the removal of colouring in such lines as frozen pastry, lasagne and sausage rolls.

Currently we are taking action in three distinct ways:

1 Firstly, by ensuring that new own label products contain artificial additives *only* if they are absolutely essential, i.e. to prevent early deterioration of the product.

2 Secondly, by increasing the range of products that are free from artificial additives, e.g., canned vegetables free from

sugar, salt, or colour; white marzipan with no added colouring; a range of conserves free from added colours and preservatives. These are just a few examples of already well-established lines.

3 Thirdly, to review every existing own label product and establish which artificial additives can be removed or replaced with natural alternatives. Such examples can be seen in our 100 per cent natural French Recipe yogurts and Mr Men yogurts with no artificial additives; tartrazine (E102) has been removed from a wide range of products including ice-cream, soup-in-a-cup and fish fingers; brown FK has been removed from our smoked mackerel fillets.

Although considerable progress has now been made, with over 3,000 own label food and drink lines to consider, work is naturally still in progress. Indeed, this work has become an integral part of our overall quality control procedure and accordingly is approached with the same commitment with which Sainsbury's has built its good food reputation.

In addition, we should like to point out that all the added flavourings used in our yogurts are of natural origins.

SAINSBURY'S	Salt	Sugar	Flavour	Packaging
Almond flakes	0	0	0	poly bag
Almond flavour	0	0	0	miniature bottle
Almonds	0	0	0	poly bag
Almonds, blanched	0	0	0	poly bag
Almonds, ground	0	0	0	poly bag
Almonds, whole	0	0	0	poly bag
Alpine strawberry fromage dessert (Summer 1986)	X	X	X	
Anchovies, fillets, in pure olive oil	H	0	0	can
Apple & blackberry fruit filling	0	H	0	can
Apple juice, English	0	0	0	carton
Apple juice, pure	0	0	0	chilled, carton
Apple juice, pure	0	0	0	carton
Apple juice, pure English	0	0	0	chilled, carton
Apple strudel	L	H	0	frozen
Apple, slices	0	0	0	can
Apple, stewed	0	H	0	can
Apricot, halves, in fruit juice	0	0	0	can
Apricot, halves, in syrup	0	H	0	can
Bakewell tart	L	H	F	frozen
Baking powder	0	0	0	drum

SAINSBURY'S	Salt	Sugar	Flavour	Packaging
Baps, granary wholemeal	H	L	0	
Baps, Hovis stoneground wholemeal	H	L	0	
Baps, wholemeal	H	L	0	
Baps, wholemeal round	H	L	0	
Barley, pearl	0	0	0	poly bag
Batter mix	L	0	0	
Bean salad, mixed	L	L	0	can
Beans in tomato sauce	L	L	0	can
Beans in tomato sauce with pork sausages (Autumn 1986)	X	X	X	can
Beans, borlotti	L	L	0	can
Beans, broad	L	0	0	can
Beans, broad	0	0	0	frozen
Beans, broad, in water	0	0	0	can
Beans, butter	0	0	0	poly bag
Beans, chilli (from Autumn 1986)	X	X	X	can
Beans, curried	L	L	0	can
Beans, cut	0	0	0	frozen
Beans, green, cut	L	0	0	can
Beans, green, cut, in water	0	0	0	can
Beans, haricot	0	0	0	poly bag

SAINSBURY'S	Salt	Sugar	Flavour	Packaging
Beans, red kidney	H	L	0	can
Beans, red kidney	0	0	0	poly bag
Beans, red kidney in water	X	X	X	can
Beans, sliced	0	0	0	frozen
Beans, stringless, cut	L	0	0	can
Beans, whole	0	0	0	frozen
Beef & onion spread	L	0	0	jar
Beef spread	H	0	0	delicatessen
Beef, potted	H	0	0	jar
Beef, topside, roast	X	X	0	pre-packed
Beetroot, baby, whole in sweet vinegar	L	H	0	jar
Beetroot, baby, whole pickled	0	L	0	jar
Beetroot, cooked	0	0	0	fresh
Beetroot, crinkle cut in sweet vinegar	L	H	0	jar
Beetroot, sliced in sweet vinegar	L	L	0	jar
Bicarbonate of soda	0	0	0	drum
Biscuits, all butter	L	H	0	
Biscuits, all butter crunch	L	H	F	
Biscuits, all butter fruit	L	H	0	
Biscuits, all butter shortbread fingers	L	H	0	
Biscuits, butter almond cookies	L	H	F	

SAINSBURY'S	Salt	Sugar	Flavour	Packaging
Biscuits, butter sandwich creams	L	H	0	
Biscuits, chocolate & nut cookies	L	H	0	
Biscuits, chocolate chip cookies	L	H	0	
Biscuits, chocolate chip oat & coconut crunch	L	H	F	
Biscuits, chocolate chip shortbread rings	L	H	0	
Biscuits, coconut cookies	L	H	F	
Biscuits, coconut creams	L	H	0	
Biscuits, coconut rings	L	H	0	
Biscuits, crunch creams	L	H	0	
Biscuits, custard creams	L	H	0	
Biscuits, digestives, milk chocolate (6)	L	H	0	
Biscuits, digestives, milk chocolate	L	H	0	
Biscuits, digestives, plain chocolate	L	H	0	
Biscuits, digestives, sweetmeal	L	H	0	
Biscuits, fig rolls	L	H	0	
Biscuits, fruit & nut, milk chocolate (6)	L	H	0	
Biscuits, fruit shortcake	L	H	0	
Biscuits, ginger creams	L	H	0	
Biscuits, Highland shortbread rounds	L	H	0	
Biscuits, lemon puffs	L	H	0	
Biscuits, milk chocolate crunch	L	H	0	

SAINSBURY'S	Salt	Sugar	Flavour	Packaging
Biscuits, milk chocolate fingers	L	H	F	
Biscuits, mini gingers	L	H	F	
Biscuits, mint wafer, milk chocolate (6)	L	H	0	
Biscuits, morning coffee	L	H	F	
Biscuits, oatmeal bran	H	H	0	
Biscuits, peanut crunch	L	H	0	
Biscuits, petticoat tails	L	H	0	
Biscuits, rich tea fingers	L	H	0	
Biscuits, sandwich creams	L	H	0	
Biscuits, shortcake	L	H	0	
Biscuits, shortcake, milk chocolate (6)	L	H	0	
Biscuits, shorties	L	H	0	
Biscuits, spicy fruit crunch	L	H	0	
Biscuits, sweetmeal creams	L	H	0	
Biscuits, Thistle shortbread	L	H	0	
Biscuits, tangy orange creams	L	H	F	
Biscuits, treacle crunch creams	L	H	0	
Biscuits, walnut shorties	L	H	0	
Biscuits, wholemeal shortbread fingers	L	H	0	
Biscuits, wholewheat honey sandwich	L	H	0	
Black Cherry double dessert (Summer 1986)	X	X	X	

SAINSBURY'S	Salt	Sugar	Flavour	Packaging
Blackberries, in fruit juice, unsweetened	0	0	0	can
Blackcurrant drink	X	X	X	carton
Blackcurrant fromage dessert (Summer 1986)	X	X	X	
Blackcurrants, in fruit juice, unsweetened	0	0	0	can
Bouquet garni	0	0	0	sachet
Bran flakes	H	H	0	carton
Brazil kernels	0	0	0	poly bag
Brazils, milk chocolate	0	H	0	
Brazils, plain chocolate	0	H	0	
Bread mix, granary	L	0	0	
Bread mix, white	L	0	0	
Bread, granary wholemeal	H	L	0	
Bread, Hovis stoneground wholemeal, uncut	H	L	0	
Bread, pitta, wholemeal	H	0	0	
Bread, soft wholemeal, fruited	L	H	0	
Bread, stoneground mini loaves	H	L	0	
Bread, stoneground wholemeal batch	H	L	0	
Bread, stoneground wholemeal, all types	H	L	0	
Bread, wholemeal batch with cracked wheat	H	L	0	
Bread, wholemeal batch with sesame seeds	H	L	0	
Bread, wholemeal soft batch	H	L	0	

SAINSBURY'S	Salt	Sugar	Flavour	Packaging
Bread, wholemeal, medium sliced	H	L	0	
Bread, wholemeal, uncut	H	L	0	
Breadcrumbs (Summer 1986)	X	X	X	carton/drum
Breakfast bran	H	H	0	carton
Broccoli spears	0	0	0	frozen
Bubble & squeak	H	0	0	frozen
Buns, mini wholemeal hot cross	L	H	F	
Buns, mini wholemeal, spiced fruit	L	H	F	
Buns, wholemeal hot cross	L	H	F	
Buns, wholemeal, fruit	L	H	F	
Buns, wholemeal, spiced fruit	L	H	F	
Butter, Cornish	H	0	0	plastic tub
Butter, Dutch	0	0	0	silver foil
Butter, English	H	0	0	parchment
Butter, English, Continental taste	H	0	0	parchment
Butter, Normandy	0	0	0	silver foil
Butter, Shropshire	H	0	0	parchment
Butter, Somerset	H	0	0	parchment
Butter, special blend	H	0	0	parchment
Butterscotch	L	H	0	
Cabbage, sliced	0	0	0	frozen

SAINSBURY'S	Salt	Sugar	Flavour	Packaging
Cake covering, milk chocolate flavour	0	H	F	wrap
Cake covering, plain chocolate & orange flavour	0	H	0	wrap
Cake covering, plain chocolate flavour	0	H	F	wrap
Cake mix, chocolate sponge	L	H	F	
Cake mix, rock	L	H	F	
Cake mix, vanilla sponge	0	H	F	
Cake, apple & sultana	L	H	0	
Cake, walnut	L	H	F	
Cakes, Eccles	L	L	0	
Cannelloni, egg	0	0	0	carton
Capelletti	L	0	0	fresh
Capelletti, tomato	L	0	0	fresh
Caramel Creme Surprise (Summer 1986)	X	X	X	
Caramel dessert (Summer 1986)	X	X	X	
Carrots, baby, English	0	0	0	frozen
Carrots, julienne	0	0	0	frozen
Carrots, sliced	L	0	0	can
Carrots, sliced	0	0	0	frozen
Carrots, sliced, in water	0	0	0	can
Carrots, whole	L	0	0	can
Carrots, whole, in water	0	0	0	can

SAINSBURY'S	Salt	Sugar	Flavour	Packaging
Carrots, young	L	L	0	can
Cashew kernels	0	0	0	poly bag
Cauliflower, crispy coated	H	0	F	frozen
Cauliflower, florets	0	0	0	frozen
Cheese & ham nibbles	H	L	0	
Cheese, 14% fat	H	0	0	pre-packed
Cheese, Bavarian Brie	H	0	0	pre-packed
Cheese, Bavarian Brie, blue	H	0	0	pre-packed
Cheese, Bavarian Brie with herbs	H	0	0	pre-packed
Cheese, Bavarian Brie with mushrooms	H	0	0	pre-packed
Cheese, Bavarian Brie with peppers	H	0	0	pre-packed
Cheese, Bavarian Emmental	H	0	0	pre-packed
Cheese, Bavarian, smoked	H	0	0	pre-packed
Cheese, Bavarian, smoked & ham	H	0	0	pre-packed
Cheese, Caerphilly	H	0	0	pre-packed
Cheese, Caerphilly, traditional	H	0	0	pre-packed
Cheese, Cheddar with walnuts	H	0	0	pre-packed
Cheese, Cheddar, Australian	H	0	0	pre-packed
Cheese, Cheddar, Canadian	H	0	0	pre-packed
Cheese, Cheddar, Canadian traditional	H	0	0	pre-packed
Cheese, Cheddar, English	H	0	0	pre-packed

SAINSBURY'S	Salt	Sugar	Flavour	Packaging
Cheese, Cheddar, English, coloured	H	0	0	pre-packed
Cheese, Cheddar, English mature	H	0	0	pre-packed
Cheese, Cheddar, English mild	H	0	0	pre-packed
Cheese, Cheddar, farmhouse	H	0	0	pre-packed
Cheese, Cheddar, Irish	H	0	0	pre-packed
Cheese, Cheddar, Scottish	H	0	0	pre-packed
Cheese, Cheddar, Scottish, coloured	H	0	0	pre-packed
Cheese, Cheddar, Somerset	H	0	0	pre-packed
Cheese, Cheddar, vegetarian	H	0	0	pre-packed
Cheese, Cheshire, blue	H	0	0	pre-packed
Cheese, Cheshire, coloured	H	0	0	pre-packed
Cheese, Cheshire, traditional	H	0	0	pre-packed
Cheese, Cheshire, white	H	0	0	pre-packed
Cheese, chèvre blanc	H	0	0	pre-packed
Cheese, cottage	L	0	0	pre-packed
Cheese, cottage, half fat	L	0	0	pre-packed
Cheese, cottage, half fat with pineapple	L	0	0	pre-packed
Cheese, cottage, half fat with vegetables	L	0	0	pre-packed
Cheese, cottage, with chives	H	0	0	pre-packed
Cheese, cottage, with onion & pepper	L	0	0	pre-packed
Cheese, cottage, with pineapple	L	0	0	pre-packed

SAINSBURY'S	Salt	Sugar	Flavour	Packaging
Cheese, cream	L	0	0	pre-packed
Cheese, creamery full fat soft	L	0	0	pre-packed
Cheese, curd	H	0	0	pre-packed
Cheese, Danish blue	H	0	0	pre-packed
Cheese, Derby	H	0	0	pre-packed
Cheese, Derby, sage	H	0	0	pre-packed
Cheese, Dolcelatte	H	0	0	pre-packed
Cheese, double Gloucester	H	0	0	pre-packed
Cheese, double Gloucester with blue stilton	H	0	0	pre-packed
Cheese, double Gloucester with chives & onion	H	0	0	pre-packed
Cheese, double Gloucester with mixed sweet pickle	H	L	0	pre-packed
Cheese, double Gloucester, traditional	H	0	0	pre-packed
Cheese, French Brie	H	0	0	pre-packed
Cheese, French Feta	H	0	0	pre-packed
Cheese, full fat soft with herbs	H	0	0	pre-packed
Cheese, Gorgonzola	H	0	0	pre-packed
Cheese, Jutland blue	H	0	0	sealed tray
Cheese, Lancashire	H	0	0	pre-packed
Cheese, Lancashire, traditional	H	0	0	pre-packed
Cheese, Leicester	H	0	0	pre-packed

SAINSBURY'S	Salt	Sugar	Flavour	Packaging
Cheese, Leicester, red with walnuts	H	0	0	pre-packed
Cheese, Leicester, traditional	H	0	0	pre-packed
Cheese, Leiden	H	0	0	pre-packed
Cheese, Normandy Camembert, portions & demi	H	0	0	pre-packed
Cheese, Normandy Camembert, traditional	H	0	0	pre-packed
Cheese, Norwegian Jarlsberg	H	0	0	pre-packed
Cheese, Parmesan	H	0	0	pre-packed
Cheese, Petit Suisse	0	0	0	pre-packed
Cheese, skimmed milk, soft	0	0	0	pre-packed
Cheese, Somerset Brie	H	0	0	pre-packed
Cheese, Stilton, blue	H	0	0	pre-packed
Cheese, Stilton, white	H	0	0	pre-packed
Cheese, Svenbo	H	0	0	pre-packed
Cheese, Swiss Emmental	H	0	0	pre-packed
Cheese, Swiss Gruyère	H	0	0	pre-packed
Cheese, Wensleydale	H	0	0	pre-packed
Cheese, Wensleydale, traditional	H	0	0	pre-packed
Cheesecake, blackcurrant (Summer 1986)	X	X	X	
Cheesecake, strawberry (Summer 1986)	X	X	X	
Chick peas	L	0	0	can
Chicken à la King	X	X	X	can

SAINSBURY'S	Salt	Sugar	Flavour	Packaging
Chicken breast fillets, boneless, roast	L	0	0	chilled
Chicken breast in breadcrumbs	H	0	0	chilled
Chicken breast portions, roast	L	0	0	chilled
Chicken breast roll	X	X	F	pre-packed
Chicken breasts en croûte	H	0	F	chilled
Chicken curry (Autumn 1986)	X	X	X	can
Chicken drumsticks in breadcrumbs	L	0	0	chilled
Chicken drumsticks, roast	L	0	0	chilled
Chicken gratin	L	0	0	frozen
Chicken in white sauce (Autumn 1986)	X	X	X	can
Chicken Kiev	H	0	0	frozen
Chicken leg portions, roast	L	0	0	chilled
Chicken legs, part boned with sav rice sultanas & apple	L	0	0	chilled
Chicken Madras	X	X	X	can
Chicken nibbles (Spring 1986)	H	0	0	
Chicken nuggets in batter	L	L	0	frozen
Chicken nuggets in breadcrumbs	L	L	0	frozen
Chicken paste	H	0	0	jar
Chicken spread	L	0	0	jar
Chicken thighs, roast	L	0	0	chilled

SAINSBURY'S	Salt	Sugar	Flavour	Packaging
Chicken, southern style	H	L	0	chilled
Chicken, whole, roast	L	0	0	chilled
Chilli powder	0	0	0	pot
Chips, crinkle cut	0	0	0	frozen
Chips, oven	0	0	0	frozen
Chips, steak	0	0	0	frozen
Chips, straight cut	0	0	0	frozen
Chocolate buttons, milk	0	H	0	
Chocolate Creme Surprise (Summer 1986)	X	X	X	
Chocolate drops, milk, for cooking	0	H	0	sachet
Chocolate drops, plain, for cooking	0	H	0	sachet
Chocolate eclairs	L	H	0	
Chocolate eclairs, dairy cream	0	H	F	frozen
Chocolate eggs, milk	0	H	0	
Chocolate flakes	0	H	0	pot
Chocolate mint crisp	0	H	0	
Chocolate peppermint cream	0	H	0	
Chocolate spread	0	H	F	plastic tub
Chocolate sugar strands	0	H	0	pot
Chutney, mango	H	H	0	jar
Cinnamon, ground	0	0	0	pot

SAINSBURY'S	Salt	Sugar	Flavour	Packaging
Citrus 5 crush	0	H	0	carton
Cloves	0	0	0	pot
Coco snaps	H	H	0	carton
Cocoa	L	0	0	carton
Coconut, desiccated	0	0	0	poly bag
Coconut, sweetened	0	H	0	poly bag
Cod casserole	H	0	0	frozen
Cod fillets	0	0	0	frozen
Cod fillets in golden breadcrumbs	L	0	0	frozen
Cod in seafood sauce	L	0	0	frozen
Cod portions	0	0	0	frozen
Cod portions in crispy batter	H	0	0	frozen
Cod portions in golden breadcrumbs	L	0	0	frozen
Cod, smoked, boil in the bag	H	0	0	frozen
Coffee & chicory mixture	0	0	0	carton
Coffee & chicory powder	0	0	0	carton
Coffee crystals	0	H	0	poly bag
Coffee Plus	0	0	0	jar
Coffee, beans, roasted Continental blend	0	0	0	carton
Coffee, beans, roasted Kenya blend	0	0	0	carton
Coffee, beans, roasted Original blend	0	0	0	carton

SAINSBURY'S	Salt	Sugar	Flavour	Packaging
Coffee, filter Continental roast	0	0	0	carton
Coffee, filter Costa Rica blend	0	0	0	carton
Coffee, filter Kenya blend	0	0	0	carton
Coffee, filter Original blend	0	0	0	carton
Coffee, filter, decaffeinated	0	0	0	carton
Coffee, gold choice Continental	0	0	0	jar
Coffee, gold choice, Continental, freeze dried, instant	0	0	0	jar
Coffee, gold choice, decaff., freeze dried, instant	0	0	0	jar
Coffee, gold choice, freeze dried, instant	0	0	0	jar
Coffee, granules, full roast	0	0	0	jar
Coffee, granules, medium roast	0	0	0	jar
Coffee, instant granules, decaffeinated	0	0	0	jar
Coffee, medium ground Continental roast	0	0	0	carton
Coffee, medium ground Costa Rica blend	0	0	0	carton
Coffee, medium ground Kenya blend	0	0	0	carton
Coffee, medium ground Original blend	0	0	0	carton
Coffee, powder, Brazilian blend	0	0	0	carton
Coffee, powder, instant	0	0	0	carton
Coffee, powder, medium roast	0	0	0	jar
Coffee, premium blend for filters	0	0	0	carton

SAINSBURY'S	Salt	Sugar	Flavour	Packaging
Coffee, premium blend for percolators	0	0	0	carton
Coffee, Viennese, with fig seasoning	0	0	0	carton
Coleslaw	L	L	0	delicatessen
Coley fillets	0	0	0	frozen
Coley portions	0	0	0	frozen
Conserve, apricot	0	H	0	jar
Conserve, blackcurrant	0	H	0	jar
Conserve, raspberry	0	H	0	jar
Conserve, strawberry	0	H	0	jar
Conserve, Swiss black cherry	0	H	0	jar
Corn cobs	0	0	0	frozen
Cornflakes	H	H	0	carton
Cornflakes, honey nut	H	H	0	carton
Cornflour	0	0	0	
Cornish pasties	H	0	0	frozen
Cornish wafers	H	L	0	
Crab paste	L	0	0	jar
Crab spread	L	0	0	jar
Crab, potted	L	L	0	jar
Crackers, snack	H	L	0	
Cream	0	0	0	can

SAINSBURY'S	Salt	Sugar	Flavour	Packaging
Cream, fresh double	0	0	0	chilled
Cream, fresh half	0	0	0	chilled
Cream, fresh single	0	0	0	chilled
Cream, fresh soured	0	0	0	chilled
Cream, fresh whipping	0	0	0	chilled
Cream, fresh, Devonshire clotted	0	0	0	chilled
Crisp, corn	0	H	0	
Crisp, fruit	0	H	F	
Crisp, rice	0	H	F	
Crisps, cream cheese & chive	H	0	F	
Crisps, mixed flavour	H	0	F	nine pack
Crisps, prawn cocktail	H	0	F	
Crisps, ready salted	H	0	0	nine pack
Crisps, ready salted	H	0	0	six pack
Crisps, ready salted	H	0	0	
Crudités with cheese & chives dip	L	0	0	fresh
Crumble, apple & blackberry	0	H	0	frozen
Crunch bars	0	H	F	
Crunchnut topping	0	H	0	poly bag
Crunchy oat cereal	L	H	0	carton
Crunchy oat with bran & apple	L	H	0	carton

SAINSBURY'S	Salt	Sugar	Flavour	Packaging
Cucumber in sour sweet vinegar	L	H	0	jar
Curry powder	0	0	0	pot
Curry powder, Madras style	0	0	0	pot
Curry powder, vindaloo hot	H	0	0	pot
Dates, chopped, sugar rolled	0	H	0	poly bag
Doughnuts, wholemeal	L	H	0	
Dressing, French	H	L	0	jar/bottle
Dressing, Italian	H	L	0	jar/bottle
Dressing, tomato & herb	H	0	0	jar/bottle
Drinking chocolate	L	H	F	tin
Drinking chocolate, fat reduced	L	H	F	plastic jar
Easy pints	0	L	0	plastic bottle
Fish cakes	L	0	0	frozen
Fish cakes, salmon	H	0	F	frozen
Fish fingers, cod fillet	L	0	0	frozen
Fish fingers, cod, economy	L	0	0	frozen
Flan case, golden bake	L	H	0	
Flan, cauliflower cheese	L	L	0	chilled, carton
Flan, cheese & onion	L	L	0	chilled, carton
Flour, plain	0	0	0	
Flour, self raising	0	0	0	

SAINSBURY'S	Salt	Sugar	Flavour	Packaging
Flour, stoneground wholemeal	0	0	0	
Flour, strong white	0	0	0	
Fromage frais with apricot	0	L	F	jar
Fromage frais with strawberry	0	L	F	jar
Fruit cocktail drink	0	H	0	chilled, carton
Fruit trifle, fresh cream (Summer 1986)	X	X	X	
Fudge, dairy	L	H	0	
Garlic, chopped	0	0	0	pot
Ginger, ground	0	0	0	pot
Ginger, stem	0	H	0	jar
Golden syrup	0	H	0	plastic jar
Grapefruit juice, pure	0	0	0	chilled, carton
Grapefruit juice, pure jaffa	0	0	0	carton
Grapefruit segments in syrup	0	L	0	can
Grapefruit segments, flavourseal, in natural juice	0	0	0	can
Haddock fillets	0	0	0	frozen
Haddock fillets in golden breadcrumbs	L	0	0	frozen
Haddock fillets, smoked	H	0	0	frozen
Haddock golden cutlets with butter, boil in the bag	H	0	0	frozen
Haddock goujons, smoked	H	0	0	frozen

SAINSBURY'S	Salt	Sugar	Flavour	Packaging
Haddock portions	0	0	0	frozen
Haddock portions in golden batter	H	0	0	frozen
Haddock portions in golden breadcrumbs	L	0	0	frozen
Hash browns	L	0	0	frozen
Hawaiian cocktail drink	0	H	0	chilled, carton
Hazelnut kernels	0	0	0	poly bag
Hazelnuts, chopped roast	0	0	0	poly bag
Herb thins	H	L	0	
Herbs (9 individual varieties)	0	0	0	pot
Herbs, mixed	0	0	0	pot
Herring fillets, marinated	H	0	0	pre-packed
Hoagies, wholemeal rolls	H	L	0	
Honey comb crunch, milk chocolate	0	H	F	
Honey double dessert (Summer 1986)	X	X	X	
Honey, acacia	0	0	0	jar
Honey, clear, blended	0	0	0	jar
Honey, cut comb	0	0	0	jar
Honey, set, blended	0	0	0	jar
Honey, set, Canadian	0	0	0	jar
Horseradish, creamed (Summer 1986)	X	X	X	
Houmous	H	0	0	delicatessen

SAINSBURY'S	Salt	Sugar	Flavour	Packaging
Instant oats	L	H	0	carton
Instant oats with bran	L	H	0	carton
Irish stew (Autumn 1986)	X	X	X	can
Island sun drink	0	H	0	carton
Jacket scallops, oven	0	0	0	frozen
Jaffa orange juice, pure	0	0	0	carton
Jam, pure fruit, apricot	0	H	0	jar
Jam, pure fruit, black cherry	0	H	0	jar
Jam, pure fruit, raspberry	0	H	0	jar
Jam, pure fruit, red cherry	0	H	0	jar
Jam, pure fruit, strawberry	0	H	0	jar
Jamaican cocktail drink	0	H	0	chilled, carton
Kipper fillets, ready to eat	H	0	0	pre-packed
Kippers with butter, boned, boil in the bag	H	0	0	frozen
Krispwheat	H	0	0	
Krispwheat, wholemeal	H	0	0	
Lasagne	L	0	0	frozen, carton
Lasagne, egg	0	0	0	carton
Lasagne, verdi	0	0	0	carton
Lemon crush, traditional	0	H	0	carton
Lemon curd (Summer 1986)	0	H	0	jar

SAINSBURY'S	Salt	Sugar	Flavour	Packaging
Lentils	0	0	0	poly bag
Macaroni	0	0	0	poly bag
Macaroni cheese (Autumn 1986)	X	X	X	can
Macaroni, quick cook	0	0	0	poly bag
Mackerel, Cornish, in brine	L	0	0	can
Mackerel, Cornish, in tomato sauce	L	L	0	can
Mackerel, fillets in brine	H	0	0	can
Mackerel, fillets in tomato sauce	L	L	0	can
Mackerel, peppered, boil in the bag	H	0	0	frozen
Mackerel, smoked	H	0	0	pre-packed
Mackerel, smoked, peppered	H	0	0	pre-packed
Malted drink	L	H	F	jar
Mandarin orange segments in light syrup	0	H	0	can
Mandarin orange segments in light syrup (broken)	0	H	0	can
Mandarin orange segments in natural juice, unsweetened	0	0	0	can
Margarine, blue label	H	0	F	packet
Margarine, green label	H	0	F	
Margarine, soft, blue label	H	0	F	tub
Margarine, soya	H	0	F	

SAINSBURY'S	Salt	Sugar	Flavour	Packaging
Margarine, sunflower	H	0	F	
Marmalade, fresh fruit, grapefruit	0	H	0	jar
Marmalade, fresh fruit, lemon & lime	0	H	0	jar
Marmalade, fresh fruit, sweet orange	0	H	0	jar
Marmalade, lemon shred	0	H	0	jar
Marmalade, orange shred	0	H	0	jar
Marmalade, Seville orange	0	H	0	jar
Marzipan, white	0	H	0	silver wrap
Meringue nests	0	H	0	
Milk, evaporated	0	0	0	can
Milk, fresh pasteurised	0	0	0	chilled
Milk, fresh pasteurised, homogenised	0	0	0	chilled
Milk, fresh pasteurised, semi-skimmed	0	0	0	chilled
Milk, fresh pasteurised, skimmed	0	0	0	chilled
Milk, skimmed (dried)	0	0	0	carton
Mincemeat	L	H	0	
Mini wheats	0	H	0	carton
Mint imperials	0	H	0	
Mints, after dinner	0	H	0	
Mints, chewy	0	H	0	
Mints, extra strong	0	H	0	

SAINSBURY'S	Salt	Sugar	Flavour	Packaging
Mints, soft	0	H	0	
Mixed fruit	0	0	0	poly bag
Mousse, chocolate (Summer 1986)	L	H	0	4 pack
Mousse, haddock & spinach	L	0	0	frozen
Muesli, bran	L	L	0	carton
Muesli, deluxe	0	0	0	carton
Muffins, wholemeal	L	L	0	
Muffins, wholemeal, raisin	L	L	0	
Mushrooms, crispy coated	H	0	F	frozen
Mushrooms, dried	0	0	0	
Mushrooms, sliced	L	0	0	can
Mushrooms, whole	L	0	0	can
Mushrooms, whole, button	L	0	0	can
Mussels in tomato sauce	H	0	0	delicatessen
Mustard with peppercorns	H	0	0	jar/bottle
Mustard, coarse ground	H	0	0	jar/bottle
Mustard, Dijon	H	0	0	jar/bottle
Mustard, English (Summer 1986)	X	X	X	
Natural bran	0	0	0	bag
Nutmeg, ground	0	0	0	pot
Nuts, chopped, mixed	0	0	0	poly bag

SAINSBURY'S	Salt	Sugar	Flavour	Packaging
Nuts, salted mixed	H	0	0	
Oats & bran flakes	H	H	0	carton
Oats with bran	0	0	0	carton
Oil, blended vegetable	0	0	0	plastic bottle
Oil, corn	0	0	0	plastic bottle
Oil, extra virgin olive	0	0	0	plastic bottle
Oil, groundnut	0	0	0	plastic bottle
Oil, olive	0	0	0	plastic bottle
Oil, safflower	0	0	0	plastic bottle
Oil, soya	0	0	0	plastic bottle
Oil, sunflower	0	0	0	plastic bottle
Olives in brine	H	0	0	delicatessen
Olives, pitted green	H	0	0	jar
Olives, stuffed green	H	0	0	jar
Olives, whole green	H	0	0	jar
Orange juice	0	0	0	can
Orange juice, freshly squeezed	0	0	0	chilled, bottle
Orange juice, pure	0	0	0	chilled, carton
Orange juice, pure	0	0	0	carton
Orange segments in natural juice, unsweetened	0	0	0	can
Oriental drink	0	H	0	carton

SAINSBURY'S	Salt	Sugar	Flavour	Packaging
Paglia e fieno	0	0	0	fresh
Paprika	0	0	0	pot
Passata	L	0	0	can
Pasta quills	0	0	0	carton/pouch pack
Pasta shells	0	0	0	carton/pouch pack
Pasta shells in spicy tomato sauce	L	L	0	can
Pasta spirals	0	0	0	carton/pouch pack
Pasta whirls	0	0	0	carton/pouch pack
Pastry, puff	L	0	0	chilled
Pastry, puff	L	0	0	frozen
Pastry, shortcrust	L	L	0	frozen
Pastry, wholemeal	L	0	0	chilled
Pasty, chunky fresh vegetable	H	0	0	chilled, film wrap
Pasty, potato, cheese & onion	H	0	0	chilled, film wrap
Pâté, chicken liver with red wine	H	0	0	pre-packed
Pâté, duck & orange, low fat	H	0	0	delicatessen
Pâté, farmhouse, low fat	H	0	0	delicatessen
Pâté, vegetable	L	0	0	delicatessen
Peach halves in fruit juice, unsweetened	0	0	0	can
Peach halves in syrup	0	H	0	can
Peach slices in fruit juice, unsweetened	0	0	0	can

SAINSBURY'S	Salt	Sugar	Flavour	Packaging
Peach slices in syrup	0	H	0	can
Peanut brittle	L	H	0	
Peanut butter, coarse	L	L	0	jar
Peanut butter, smooth	L	L	0	jar
Peanuts & raisins	0	0	0	
Pear halves in fruit juice, unsweetened	0	0	0	can
Pear halves in syrup	0	H	0	can
Pear quarters in fruit juice, unsweetened	0	0	0	can
Pear quarters in syrup	0	H	0	can
Peas, dried	0	0	0	poly bag
Peas, economy	0	0	0	frozen
Peas, garden	0	0	0	frozen
Peas, garden (Autumn 1986)	X	X	X	can
Peas, garden, in water	0	0	0	can
Peas, minted	0	L	0	frozen
Peas, processed (Autumn 1986)	X	X	X	can
Pease pudding	L	0	0	can
Pepper, black, ground	0	0	0	pot
Pepper, white, ground	0	0	0	pot
Peppercorns, black, whole	0	0	0	pot
Peppermint flavour	0	0	0	miniature bottle

SAINSBURY'S	Salt	Sugar	Flavour	Packaging
Petits pois	0	0	0	frozen
Petits pois	L	L	0	can
Pie, bramley apple	0	H	0	frozen
Pie, cod & broccoli	L	0	F	frozen
Pie, cod & prawn	L	0	0	frozen
Pie, smoked haddock	L	0	0	frozen
Pie, vegetable	L	0	0	frozen
Pies, bramley apple	L	H	0	
Pies, bramley apple, wholemeal	L	H	0	
Pilchards, Cornish, in brine	L	0	0	can
Pilchards, Cornish, in tomato sauce	L	0	0	can
Pineapple juice, pure	0	0	0	chilled, carton
Pineapple juice, pure	0	0	0	carton
Pineapple pieces in natural juice, unsweetened	0	0	0	can
Pineapple pieces in syrup	0	H	0	can
Pineapple slices in natural juice, unsweetened	0	0	0	can
Pineapple slices in syrup	0	H	0	can
Pineapple, crushed, in syrup	0	H	0	can
Pizza flan, Chilli con Carne, premium deep filled	L	L	0	chilled, carton
Pizza snacks, cheese & tomato	H	L	0	frozen, poly bag × 8

SAINSBURY'S	Salt	Sugar	Flavour	Packaging
Pizza, cheese & onion	L	L	0	frozen, poly bag × 4
Pizza, cheese & tomato	H	L	0	chilled, film wrap
Pizza, cheese & tomato	L	L	0	frozen, poly bag × 4
Pizza, cheese & tomato with mixed veg on brown base	L	L	0	chilled, film wrap
Pizza, cheese & tomato, pan baked	L	L	0	chilled, film wrap
Pizza, cheese, tomato & mushroom	H	L	0	chilled, film wrap
Pizza, cheese, tomato with peppers & mushroom	H	L	0	chilled, film wrap
Pizza, French bread, cheese & tomato	L	L	0	frozen, carton
Pizza, tropical fruit & nut	L	L	0	chilled, film wrap
Plaice fillets	0	0	0	frozen
Plaice fillets with golden breadcrumbs	L	0	0	frozen
Plaice fillets, whole in golden breadcrumbs	L	0	0	frozen
Plaice, stuffed with prawn & mushroom filling	H	L	0	frozen
Plums, golden, in syrup (Autumn 1986)	X	X	X	can
Pork sausagemeat plait with apple	L	L	0	frozen
Pork, leg, roast	X	X	0	pre-packed
Potato croquettes	L	0	0	frozen
Potatoes, new	L	L	0	can

SAINSBURY'S	Salt	Sugar	Flavour	Packaging
Potatoes, new, Jersey	L	L	0	can
Potatoes, sliced, Jersey	L	L	0	can
Prawns, peeled, Norwegian	H	0	0	frozen
Prawns, peeled, Scottish	H	0	0	frozen
Preserve, ginger	0	H	0	jar
Prunes	0	0	0	poly bag
Prunes in fruit juice, unsweetened	0	0	0	can
Prunes in syrup	0	H	0	can
Prunes, ready to eat	0	0	0	poly bag
Puffed wheat	0	0	0	carton
Quarterpounders	L	0	0	frozen
Quiche, cheese & asparagus	L	0	0	frozen
Quiche, spinach	L	0	0	delicatessen
Quiche, tomato & olive	L	0	0	delicatessen
Raisins & mixed nuts	0	0	0	
Raisins, seedless	0	0	0	poly bag
Raisins, seedless, Kings Ruby	0	0	0	poly bag
Raisins, stoned	0	0	0	poly bag
Raspberries, in juice (Autumn 1986)	X	X	X	can
Raspberries, in syrup (Autumn 1986)	X	X	X	can
Ratatouille Provençale	L	L	0	can

SAINSBURY'S	Salt	Sugar	Flavour	Packaging
Ravioli	L	0	0	fresh
Ravioli in tomato sauce (Autumn 1986)	X	X	X	can
Redcurrant jelly	0	H	0	jar
Rice pops	H	H	0	carton
Rice, American easy cook	0	0	0	poly bag
Rice, Basmati	0	0	0	poly bag
Rice, boil in the bag	0	0	0	carton
Rice, boil in the bag, brown	0	0	0	carton
Rice, brown	0	0	0	poly bag
Rice, creamed	0	H	0	can
Rice, flaked	0	0	0	poly bag
Rice, for puddings	0	0	0	poly bag
Rice, ground	0	0	0	poly bag
Rice, Italian easy cook	0	0	0	poly bag
Rice, Italian easy cook, brown	0	0	0	poly bag
Rice, Italian risotto	0	0	0	poly bag
Rice, long grain	0	0	0	poly bag
Rolls, wholemeal	H	L	0	
Salad cream (Summer 1986)	X	X	X	
Salad, apple & raisin with walnuts	0	0	0	fresh
Salad, apple, peach & nut with coconut	L	L	0	delicatessen

SAINSBURY'S	Salt	Sugar	Flavour	Packaging
Salad, Chinese leaf & sweetcorn	0	0	0	fresh
Salad, celery, peanut & sultana	L	0	0	delicatessen
Salad, cracked wheat & mint	0	0	0	delicatessen
Salad, crisp vegetable	H	L	0	delicatessen
Salad, Eastern	L	0	0	delicatessen
Salad, fennel & watercress	0	0	0	fresh
Salad, four bean	L	0	0	delicatessen
Salad, fresh fruit	0	L	0	delicatessen
Salad, Greek	L	0	0	delicatessen
Salad, mild curry rice	L	L	0	delicatessen
Salad, mixed	L	L	0	delicatessen
Salad, pasta & olive	H	L	0	delicatessen
Salad, pepper	L	0	0	can
Salad, potato in fresh mayonnaise	L	0	0	delicatessen
Salad, potato with chives	L	L	0	delicatessen
Salad, rice & vegetable	L	0	0	delicatessen
Salad, spinach & chick pea	0	0	0	delicatessen
Salmon & shrimp paste	L	0	0	jar
Salmon spread	L	0	0	jar
Salmon, medium red	L	0	0	can
Salmon, pink	L	0	0	can

SAINSBURY'S	Salt	Sugar	Flavour	Packaging
Salmon, potted	L	L	0	jar
Salmon, red	L	0	0	can
Salmon, smoked, sliced	H	0	0	pre-packed
Salt, celery	X	X	X	jar
Salt, cooking	H	0	0	various
Salt, table	H	0	0	various
Samosas, lamb	H	0	0	delicatessen
Samosas, vegetable	H	0	0	delicatessen
Sardine & tomato paste	L	0	0	jar
Sardine & tomato spread	L	0	0	jar
Sardines in brine	L	0	0	can
Sardines in oil	L	0	0	can
Sardines in olive oil	L	0	0	can
Sardines in tomato sauce	L	0	0	can
Sauce for cooking, red wine	L	L	0	can
Sauce for cooking, sweet & sour	0	H	0	can
Sauce, Bolognaise	H	L	0	pre-packed
Sauce, Bolognese	H	L	0	can
Sauce, bread	X	X	X	box
Sauce, caramel	0	H	0	
Sauce, chocolate	0	H	0	

SAINSBURY'S	Salt	Sugar	Flavour	Packaging
Sauce, cranberry	0	H	0	jar
Sauce, horseradish, creamed	H	H	0	jar
Sauce, pasta, tomato	H	L	0	pre-packed
Sauce, pour over, Bonne Femme	L	0	0	frozen
Sausage rolls, cocktail	H	0	0	frozen, carton
Sausage rolls, large	H	0	0	frozen, carton
Sausage rolls, lattice topped cheese pastry, thaw & eat	H	0	0	frozen, carton
Sausage rolls, party size	H	0	0	frozen, poly bag
Sausages, extra quality	H	L	0	chilled
Scallops, breaded	L	0	0	frozen
Scampi, breaded	L	0	0	frozen
Scones, wholemeal, fruit	L	H	0	
Scottish oat flakes	0	0	0	poly bag
Seafood platter, breaded	L	0	0	frozen
Semolina	0	0	0	poly bag
Snowflakes	H	H	0	carton
Soup, cream of tomato	L	L	0	can
Soup, tomato	L	L	0	can
Spaghetti	0	0	0	cellophane wrap
Spaghetti in tomato sauce	H	L	0	can

SAINSBURY'S	Salt	Sugar	Flavour	Packaging
Spaghetti rings	H	L	0	can
Spaghetti, Italian quick cook	0	0	0	cellophane wrap
Spaghetti, numberelli	H	L	0	can
Spaghetti, wholewheat	0	0	0	cellophane wrap
Spanahopitta	H	0	0	delicatessen
Spice, ground mixed	0	0	0	pot
Spice, pickling	0	0	0	pot
Spinach, chopped	0	0	0	frozen
Sponge bar, black cherry & buttercream	L	H	F	
Sponge fingers	L	H	0	
Spread, low fat	H	0	F	tub
Spread, low fat, sunflower	H	0	F	tub
Sprouts, button	0	0	0	frozen
Steak, stewed in gravy (Autumn 1986)	X	X	X	can
Stir fry vegetables	0	0	0	fresh
Strawberries in juice (Autumn 1986)	X	X	X	can
Strawberries in syrup (Autumn 1986)	X	X	X	can
Stuffing mix, parsley, thyme & lemon	H	0	0	box
Stuffing mix, sage & onion	H	0	0	box
Suet	0	0	0	
Sugar, caster	0	H	0	paper bag

SAINSBURY'S	Salt	Sugar	Flavour	Packaging
Sugar, dark brown, soft	0	H	0	poly bag
Sugar, Demerara	0	H	0	poly bag
Sugar, granulated	0	H	0	paper bag
Sugar, granulated, golden	0	H	0	poly bag
Sugar, icing	0	H	0	carton
Sugar, light brown, soft	0	H	0	poly bag
Sugar, Muscovado	0	H	0	poly bag
Sugar, small cube	0	H	0	box
Sultana bran	H	H	0	carton
Swede, diced	0	0	0	frozen
Sweetcorn	0	0	0	frozen
Sweetcorn & peppers	L	L	0	can
Sweetcorn & peppers	0	0	0	frozen
Sweetcorn, whole kernel	L	L	0	can
Swiss roll, apricot	L	H	F	
Swiss roll, bramley apple	L	H	F	
Swiss roll, super chocolate	L	H	F	
Tagliatelle	0	0	0	fresh
Tagliatelle verdi	0	0	0	carton
Tagliatelle, egg	0	0	0	carton
Tagliatelle, egg & spinach	0	0	0	carton

SAINSBURY'S	Salt	Sugar	Flavour	Packaging
Tapioca	0	0	0	poly bag
Tart, apple dessert	L	H	0	
Tea bags, Assam blend	0	0	0	packet
Tea bags, brown label	0	0	0	packet
Tea bags, Ceylon blend	0	0	0	packet
Tea bags, Earl Grey	0	0	0	packet
Tea bags, Kenya blend	0	0	0	packet
Tea bags, red label	0	0	0	packet
Tea, Assam blend	0	0	0	packet
Tea, brown label	0	0	0	packet
Tea, Ceylon blend	0	0	0	packet
Tea, China & Darjeeling	0	0	0	packet
Tea, Earl Grey	0	0	0	packet
Tea, Kenya blend	0	0	0	packet
Tea, red label	0	0	0	packet
Teacakes, wholemeal	L	L	0	
Terrine, vegetable	L	0	0	delicatessen
Toffee	0	H	0	× 3 roll pack
Toffee bon bons	L	H	F	
Toffee popcorn	L	H	0	
Toffee, mint	L	H	0	× 3 roll pack

SAINSBURY'S	Salt	Sugar	Flavour	Packaging
Toffees, Devon	L	H	F	
Tomato juice	L	0	0	can
Tomato ketchup	H	H	0	bottle
Tomato ketchup, Italian	H	H	0	bottle
Tomato purée, double concentrate	L	0	0	can
Tomatoes, chopped	0	0	0	can
Tortelloni	L	0	0	fresh
Tortelloni, spinach	L	0	0	fresh
Tortilla chips	H	0	0	
Tropical fruit drink	0	H	0	carton
Trout, rainbow	0	0	0	frozen
Tuna & mayonnaise spread	L	0	0	jar
Tuna chunks in brine	X	X	X	can
Tuna chunks in oil	X	X	X	can
Tuna, South Seas in brine	L	0	0	can
Tuna, South Seas in vegetable oil	L	0	0	can
Tuna, skipjack in brine	L	0	0	can
Tuna, skipjack in oil	L	0	0	can
Turkey breast	X	X	0	pre-packed
Turkey breast joint, roast	H	0	0	frozen
Turkey breast slices, roast	X	X	F	delicatessen

SAINSBURY'S	Salt	Sugar	Flavour	Packaging
Turkey breast, cooked	H	0	0	pre-packed
Turkey breast, smoked	H	0	0	pre-packed
Turkey escalopes in breadcrumbs	L	0	0	tray
Turkey, potted	H	0	F	jar
Turmeric	0	0	0	pot
Twiglets	H	0	0	
Tzatziki	H	0	0	delicatessen
Vegetables, mixed	L	0	0	can
Vegetables, mixed	0	0	0	frozen
Vegetables, mixed, country style	0	0	0	frozen
Vegetables, mixed, special	0	0	0	frozen
Vegetables, stewpack	0	0	0	frozen
Vermicelli, egg	0	0	0	carton
Vine leaves, stuffed	L	0	0	delicatessen
Vinegar, cider	0	0	0	bottle
Vinegar, red wine	0	0	0	bottle
Vinegar, white wine	0	0	0	bottle
Vitapint	0	0	0	chilled
Waffles	L	L	0	frozen
Walnut pieces	0	0	0	poly bag
Water, mineral, Cwm Dale spring, carbonated	0	0	0	bottle

SAINSBURY'S	Salt	Sugar	Flavour	Packaging
Water, mineral, Cwm Dale spring, natural	0	0	0	bottle
Water, mineral, naturally sparkling	0	0	0	bottle
Water, mineral, Scottish spring, carbonated	0	0	0	bottle
Water, mineral, Scottish spring, natural	0	0	0	bottle
Water, soda	0	0	0	bottle
Wheat flakes	H	0	0	carton
Whiting fillets	0	0	0	frozen
Wholemeal thins	H	L	0	
Wholewheat bisk	L	L	0	carton
Yeast	0	0	0	
Yeast extract	0	0	0	jar
Yogurt mousse, strawberry (Summer 1986)	X	X	X	
Yogurt mousse, tropical (Summer 1986)	X	X	X	
Yogurt sundae, black cherry (Summer 1986)	X	X	X	
Yogurt sundae, strawberry (Summer 1986)	X	X	X	
Yogurt, low fat set, real French recipe, apricot	0	H	F	4 pack, chilled
Yogurt, low fat set, real French recipe, exotic fruits	0	H	F	4 pack, chilled
Yogurt, low fat set, real French recipe, fruits of forest	0	H	F	4 pack, chilled
Yogurt, low fat set, real French recipe, kiwi	0	H	F	4 pack, chilled

SAINSBURY'S	Salt	Sugar	Flavour	Packaging
Yogurt, low fat set, real French recipe, lemon	0	H	F	4 pack, chilled
Yogurt, low fat set, real French recipe, raspberry	0	H	F	4 pack, chilled
Yogurt, low fat set, real French recipe, strawberry	0	H	F	4 pack, chilled
Yogurt, low fat set, real French recipe, vanilla	0	H	F	4 pack, chilled
Yogurt, low fat, apricot & mango	0	H	F	4 pack, chilled
Yogurt, low fat, black cherry	0	H	F	chilled
Yogurt, low fat, blueberry & blackberry	0	H	F	4 pack, chilled
Yogurt, low fat, Caribbean	0	H	F	4 pack, chilled
Yogurt, low fat, fruits of the forest	0	H	F	chilled
Yogurt, low fat, hazelnut	0	H	F	chilled
Yogurt, low fat, hazelnut, pistachio & chocolate	0	H	F	chilled
Yogurt, low fat, Mr Forgetful, black cherry	0	H	F	chilled
Yogurt, low fat, Mr Funny, peach melba	0	H	F	chilled
Yogurt, low fat, Mr Greedy, strawberry	0	H	F	chilled
Yogurt, low fat, Mr Happy, banana	0	H	F	chilled
Yogurt, low fat, Mr Lazy, fudge	0	H	F	chilled
Yogurt, low fat, Mr Messy, raspberry	0	H	F	chilled
Yogurt, low fat, Mr Uppity, chocolate	0	H	F	chilled
Yogurt, low fat, mix 'n' crunch	0	H	0	chilled
Yogurt, low fat, natural	0	0	0	chilled
Yogurt, low fat, peach & guava	0	H	F	4 pack, chilled

SAINSBURY'S	Salt	Sugar	Flavour	Packaging
Yogurt, low fat, peach melba	0	H	F	chilled
Yogurt, low fat, plum	0	H	F	chilled
Yogurt, low fat, raspberry & redcurrant	0	H	F	chilled
Yogurt, low fat, rhubarb	0	H	F	chilled
Yogurt, low fat, strawberry	0	H	F	chilled
Yogurt, low fat, tropical fruits	0	H	F	4 pack, chilled
Yogurt, set, Dairy Farm natural	0	0	0	chilled

NOTES

TESCO

Tesco is particularly concerned about the issues of food and health. In January 1985 Tesco was the first major company to announce that it was labelling all its brand products with nutrition information. Tesco also runs a dietary information service and advises a number of organizations representing sufferers of certain conditions (e.g., The Coeliac Society).

Tesco has been aware for sometime that customers are becoming more concerned about the use of additives in their food. Much of the concern would appear to stem from a lack of understanding, not helped by the sometimes difficult terminology employed. For example, E300 sounds awful, it's chemical name L-ascorbic acid sounds little better but it is actually Vitamin C! It is important to remember that without certain additives, such as preservatives, which prevent food from spoiling rapidly, we would not enjoy the variety and range of foods to which we have become accustomed. It would not be proper to regard all additives as being necessarily suspect.

The following action is being taken:

1 Tesco is reducing the number of additives in foods where possible, concentrating historically on the removal of tartrazine from products such as yogurts and squashes. Additionally, Tesco is extremely careful to ensure that unnecessary additives are not included in their products.

2 Further to this Tesco has compiled a priority list of additives on which their technologists will concentrate,

including artificial colours, benzoate preservatives, BHA and BHT. This list has been compiled after consideration of the Ministry of Agriculture's 'B' list (i.e. those additives over which there is a question mark); additives banned in the USA; Hyperactive Support Group's list of suspect additives, and after discussion with the Leatherhead Food Research Association; the Great Ormond Street Hospital for Sick Children; the British Dietetic Association.

3 This is seen as the beginning of a long term programme where the use of additives in all products will be reviewed.

4 A free guide on additives will be available in Tesco Stores next year as part of the series of Healthy Eating leaflets. It will explain the issues and Tesco's policy with the aim of broadening customers' understanding.

TESCO	Salt	Sugar	Flavour	Packaging
After dinner mints	0	H	0	
Almond flavouring	0	0	0	
Apple juice	0	0	0	long life
Apple juice, English	0	0	0	long life
Apple juice, pure	0	0	0	chilled
Apples, stewed, Dutch	0	H	0	can
Apricots in natural juice	0	0	0	can
Baking powder	0	0	0	
Barley, pearl	0	0	0	
Beans, baked in tomato sauce	L	L	0	can
Beans, black-eye	0	0	0	dried
Beans, broad	0	0	0	frozen
Beans, broad	L	0	0	jar
Beans, butter	0	0	0	dried
Beans, green, cut	L	0	0	jar
Beans, green, fine whole	0	0	0	frozen
Beans, green, sliced	0	0	0	frozen
Beans, green, whole	L	0	0	can
Beans, haricot	0	0	0	dried
Beans, mung	0	0	0	dried
Beans, red kidney	L	L	0	can

TESCO	Salt	Sugar	Flavour	Packaging
Beans, red kidney	0	0	0	dried
Beef suet, shredded	0	0	0	
Beetroot, sliced	0	0	0	
Beetroot, whole	0	0	0	
Bicarbonate of Soda	0	0	0	
Bran crunch with banana	L	H	0	
Branflakes	H	H	0	
Branflakes with sultana	H	H	0	
Brazil, milk chocolate	0	H	0	
Brazil, plain chocolate	0	H	0	
Bread baps, wholemeal stoneground	L	L	0	
Bread, natural white loaf	L	0	0	
Bread, stoneground wholemeal	L	L	0	
Bread, wholemeal batch	L	L	0	
Bread, wholemeal pitta	L	0	0	
Bread, wholemeal sliced	L	L	0	
Bread, wholemeal uncut	L	L	0	
Breakfast bran cereal	H	H	0	
Brocolli spears	0	0	0	frozen
Brussels sprouts	0	0	0	frozen
Brussels sprouts, button	0	0	0	frozen

TESCO	Salt	Sugar	Flavour	Packaging
Butter, all types	H	0	0	
Cake covering, milk chocolate	L	H	F	
Cake covering, plain chocolate	0	H	F	
Cake covering, white chocolate	0	H	F	
Caribbean drink	0	H	0	chilled
Carrots, all cuts	L	0	0	can
Carrots, baby	0	0	0	frozen
Carrots, baby	H	L	0	jar
Carrots, baby, whole	0	0	0	frozen
Carrots, baby, whole	L	L	0	can
Cauliflower florets	0	0	0	frozen
Cauliflower florets, fresh	0	0	0	frozen
Cheese spread with onion	L	0	0	
Cheese spread with prawns	L	0	0	
Cheese spread, 6 portions	L	0	0	
Cheese spread, natural	L	0	0	
Cheese spread, Swiss Gruyère	H	0	0	
Cheese, Bavarian Brie	H	0	0	
Cheese, Bavarian Brie with herbs	H	0	0	
Cheese, Bavarian Brie with mushroom	H	0	0	
Cheese, Bavarian Brie with peppers	H	0	0	

TESCO	Salt	Sugar	Flavour	Packaging
Cheese, Brie regal	H	0	0	
Cheese, Caerphilly	L	0	0	
Cheese, Camembert	H	0	0	
Cheese, Cheddar with beer, garlic & parsley	H	0	0	
Cheese, Cheddar, all countries	H	0	0	
Cheese, Cheddar, applewood smoked	H	0	0	
Cheese, Cheddar, coloured	L	L	0	
Cheese, Cheddar, reduced fat	H	0	0	
Cheese, Cheddar, vegetarian	H	0	0	
Cheese, Crediou with walnuts	H	0	0	
Cheese, chèvre (goat)	L	0	0	
Cheese, cottage, natural	L	0	0	
Cheese, cottage, soft dairy	L	0	0	
Cheese, cottage, with Cheddar	L	0	0	
Cheese, cottage, with onion & chives	L	0	0	
Cheese, cottage, with pineapple	L	0	0	
Cheese, curd, medium fat	H	0	0	
Cheese, Danish blue gold	H	0	0	
Cheese, double Gloucester	H	0	0	
Cheese, double Gloucester & Stilton	H	0	0	
Cheese, double Gloucester with onion and chives	H	0	0	

TESCO	Salt	Sugar	Flavour	Packaging
Cheese, Edam	H	0	0	
Cheese, Emmental	L	0	0	
Cheese, French Brie	H	0	0	
Cheese, Gouda	H	0	0	
Cheese, Gruyère	H	0	0	
Cheese, Italian Dolcelatte	H	0	0	
Cheese, Lancashire	H	0	0	
Cheese, Parmesan	H	0	0	
Cheese, Port Salut	H	0	0	
Cheese, red Cheshire	H	0	0	
Cheese, red Leicester	H	0	0	
Cheese, roulé with herbs & garlic	L	0	0	
Cheese, Scottish Cheddar, coloured	L	0	0	
Cheese, St Paulin	L	0	0	
Cheese, Stilton	H	0	0	
Cheese, skimmed milk	0	0	0	
Cheese, smoked Bavarian	H	0	0	
Cheese, soft dairy with chives	H	0	0	
Cheese, soft dairy with pineapple	H	0	0	
Cheese, Wensleydale	L	0	0	
Chick peas	0	0	0	dried

TESCO	Salt	Sugar	Flavour	Packaging
Chicken curry, extra hot	L	L	0	can
Chicken roll, sliced	H	0	0	pre-packed
Chicken, roasted, portion	L	0	0	chilled
Chips, oven	0	0	0	frozen
Chips, steakhouse	0	0	0	frozen
Chips, straight cut	0	0	0	frozen
Chocolate & hazelnut spread	0	H	F	
Chocolate almond cluster	0	H	0	
Chocolate drink	L	H	F	
Chocolate drops, milk	0	H	0	
Chocolate drops, plain	0	H	0	
Chocolate hazelnut cluster	0	H	0	
Chocolate mint cream	0	H	0	
Chocolate mint sticks	0	H	0	
Chocolate peanut cluster	0	H	0	
Chutney, apricot	H	H	0	
Chutney, curried fruit	H	H	0	
Cinnamon	0	0	0	
Cockles	0	0	0	frozen
Cocoa puffs	H	H	0	
Coconut, desiccated	0	0	0	

TESCO	Salt	Sugar	Flavour	Packaging
Coconut, sweetened tenderized	L	H	0	
Cod Bon Femme	L	L	0	frozen
Cod Provençal	L	L	0	frozen
Coffee, all types	0	0	0	
Conserve, apricot	0	H	0	jar
Conserve, black cherry	0	H	0	jar
Conserve, blackcurrant	0	H	0	jar
Conserve, raspberry	0	H	0	jar
Conserve, strawberry	0	H	0	jar
Corn on the cob	0	0	0	frozen
Cornflakes	H	H	0	
Cornflakes, honey & nut	H	H	0	
Cornflour	0	0	0	
Courgettes, sliced	0	0	0	frozen
Cream of tartar	0	0	0	
Cream, clotted, Cornish	0	0	0	
Cream, clotted, Devon	0	0	0	
Cream, double	0	0	0	
Cream, extra thick	0	0	0	
Cream, half	0	0	0	
Cream, single	0	0	0	

TESCO	Salt	Sugar	Flavour	Packaging
Cream, soured	0	0	0	
Cream, sterilized	0	0	0	can
Cream, thick double with rum	0	H	0	
Cream, whipping	0	0	0	
Crisp corn	H	H	F	
Crisp rice	L	H	F	
Crispbread, new style	H	L	0	
Crispbread, whole rye	H	L	0	
Crisps, curry	H	0	0	
Crunch-nut topping	0	H	0	
Cucumber, dill	H	L	0	
Currants, washed	0	0	0	dried
Curry powder, Korma	H	0	0	
Curry powder, Madras	H	0	0	
Dates, chopped, sugar rolled	0	H	0	dried
Dessert sauce, caramel	0	H	F	
Dessert sauce, chocolate	0	H	0	
Dressing, 1000 Island	H	L	0	
Dressing, classic French	0	0	0	
Dressing, Italian garlic	H	L	0	
Dressing, mustard vinaigrette	H	L	0	

TESCO	Salt	Sugar	Flavour	Packaging
Fish, unprocessed, all types	0	0	0	frozen
Flour, stoneground	0	0	0	
Fruit & nut mix, exotic	0	H	0	
Fruits of the forest drink	0	H	F	chilled
Ginger, ground	0	0	0	
Golden syrup	0	H	0	
Grapefruit juice	0	0	0	long life
Grapefruit juice, concentrated	0	0	0	frozen
Grapefruit segments in natural juice	0	0	0	can
Grapefruit segments in syrup	0	H	0	can
Haddock mornay	L	L	0	frozen
Hazelnuts	0	0	0	
Honey, all countries of origin	0	H	0	
Hot cross bun, wholemeal	H	L	0	
Ice cream choc ice, mint flavour	0	H	0	
Ice cream chocolate flake	0	H	0	
Ice cream dairy cones	0	H	F	
Ice cream, strawberry sorbet	0	H	0	
Ice lollies, choc nut	0	H	F	
Ice lollies, natural grapefruit	0	H	0	
Ice lollies, natural orange	0	H	0	

TESCO	Salt	Sugar	Flavour	Packaging
Irish Stew	L	0	0	can
Jaffa orange juice, pure	0	0	0	chilled
Lentils	0	0	0	dried
Lentils, green Continental	0	0	0	dried
Loganberries, in syrup	0	H	0	can
Malted chocolate drink	L	H	F	
Malted drink	L	H	0	
Margarine, premier	H	0	F	
Margarine, salt-free	0	0	F	
Margarine, soft	H	0	F	
Margarine, sunflower	H	0	F	
Margarine, supersoft	H	0	F	
Margarine, table	H	0	F	
Mayonnaise	0	L	F	
Meringue flan	0	H	0	
Meringue nest	0	H	0	
Milk, evaporated	0	0	0	can
Milk, full cream	0	0	0	long life
Milk, pasteurized	0	0	0	fresh
Milk, semi skimmed	0	0	0	long life
Milk, semi skimmed	0	0	0	fresh

TESCO	Salt	Sugar	Flavour	Packaging
Milk, skimmed	0	0	0	dried
Milk, skimmed	0	0	0	long life
Milk, skimmed	0	0	0	fresh
Mint imperials	0	H	0	
Mint, sparkling	0	H	0	
Mixed fruit drink	0	H	0	long life
Mixed spice, ground	0	0	0	
Muffins, wholemeal	L	L	0	
Mushrooms, Continental	L	0	0	can
Mushrooms, sliced	H	0	0	can
Mushrooms, whole button	H	0	0	can
Mushrooms, whole button	0	0	0	frozen
Mussels	0	0	0	frozen
Nutmeg, ground	0	0	0	
Nuts & raisins with chocolate chips	0	H	0	
Nuts & raisins, mixed	0	0	0	
Nuts & raisins, mixed, no salt added	0	0	0	
Nuts, Brazil	0	0	0	
Nuts, cashews	0	0	0	
Nuts, cashews, roasted salted	L	0	0	
Nuts, cut, mixed	0	0	0	

TESCO	Salt	Sugar	Flavour	Packaging
Nuts, monkey	0	0	0	
Nuts, salted mixed	H	0	0	
Oat cereal, instant	0	0	0	
Oil, cooking	0	0	0	
Oil, corn	0	0	0	
Oil, ground nut	0	0	0	
Oil, olive	0	0	0	
Oil, sunflower	0	0	0	
Olives, stuffed	H	0	0	
Onion rings in batter	0	0	0	frozen
Orange & pineapple juice	0	0	0	long life
Orange juice, concentrated	0	0	0	frozen
Orange juice, freshly squeezed	0	0	0	chilled
Orange juice, pure	0	0	0	chilled
Paprika	0	0	0	
Pasta verdi, all types	0	0	0	
Pasta with egg, all types	0	0	0	
Pasta, durum wheat only	0	0	0	
Pasta, quick cook with egg, all types	0	0	0	
Paste, salmon & shrimp	L	0	0	jar
Paste, sardine & tomato	L	0	F	jar

TESCO	Salt	Sugar	Flavour	Packaging
Pâté, smoked mackerel & onion	H	0	0	
Pâté, smoked trout	H	0	0	
Pâté, tuna	H	0	0	
Peaches in natural juice	0	0	0	can
Peaches in syrup	0	H	0	can
Peanut butter, crunchy	L	L	F	
Peanut butter, smooth	L	L	F	
Peanut crackle	L	H	0	
Peanuts & raisins, blanched	0	0	0	
Peanuts & raisins, milk chocolate	0	H	0	
Peanuts, raw	0	0	0	
Peanuts, salted	H	0	0	
Pears in natural juice	0	0	0	can
Pears in syrup	0	H	0	can
Peas, garden	0	0	0	frozen
Peas, green split	0	0	0	
Peas, marrowfat	0	0	0	
Peas, mint	0	0	0	frozen
Peas, yellow split	0	0	0	
Pepper, black, ground	0	0	0	
Pepper, black, whole	0	0	0	

TESCO	Salt	Sugar	Flavour	Packaging
Pepper, white, ground	0	0	0	
Peppermint flavouring	0	0	0	
Peppers, diced, mixed	0	0	0	frozen
Petit pois	0	0	0	frozen
Petit pois	L	L	0	can
Petit pois & baby carrots	L	L	0	jar
Pie filling, apple	0	H	0	can
Pineapple in natural juice	0	0	0	can
Pineapple in syrup	0	H	0	can
Pineapple juice	0	0	0	long life
Pineapple juice, pure	0	0	0	chilled
Pistachios, salted	H	0	0	
Plums, golden, in syrup	0	H	0	can
Potato shell	H	0	0	
Potatoes, new	L	0	0	can
Potatoes, new, Jersey	L	L	0	can
Prawns	H	0	0	frozen
Prunes in syrup	0	H	0	can
Prunes, no need to soak	0	0	0	dried
Puffed rice	H	H	0	
Raisins, seedless	0	0	0	dried

TESCO	Salt	Sugar	Flavour	Packaging
Raisins, yogurt coated	L	H	0	
Ratatouille	H	L	0	can
Ratatouille vegetables, mixed	0	0	0	frozen
Ready meal, beef & dumpling	L	0	F	chilled
Ready meal, beef hotpot	L	0	F	chilled
Ready meal, beef Provençal	L	L	0	chilled
Ready meal, Chilli con Carne	L	L	0	chilled
Ready meal, cauliflower cheese	L	0	0	chilled
Ready meal, cheese & potato bake	L	0	F	chilled
Ready meal, farmhouse casserole	L	0	F	chilled
Ready meal, pork Parisien	H	L	F	chilled
Ready meal, spicy vegetable	H	0	0	chilled
Relish, onion	H	H	0	
Rice, Basmati	0	0	0	
Rice, brown	0	0	0	
Rice, brown & vegetables	0	0	0	frozen
Rice, easy-to-cook	0	0	0	
Rice, ground	0	0	0	
Rice, long grain	0	0	0	
Sago	0	0	0	
Salad, apple, peach & nut	L	L	0	4 pot

TESCO	Salt	Sugar	Flavour	Packaging
Salad, bean, in wine vinegar	L	L	0	can
Salad, coleslaw	L	L	0	4 pot
Salad, coleslaw	L	L	0	pre-packed
Salad, coleslaw, curried	L	L	0	pre-packed
Salad, coleslaw, in low calorie dressing	L	L	0	pre-packed
Salad, coleslaw, in vinaigrette	L	L	0	pre-packed
Salad, coleslaw, premier	L	L	0	pre-packed
Salad, Florida	L	L	0	pre-packed
Salad, mixed, in French dressing	L	L	0	pre-packed
Salad, potato	L	L	0	pre-packed
Salad, potato & chives	L	L	0	4 pot
Salad, potato & chives	L	L	0	pre-packed
Salad, potato, in low calorie dressing	L	L	0	pre-packed
Salad, vegetable	L	L	0	4 pot
Salad, vegetable	L	L	0	pre-packed
Salad, vegetable, in low calorie dressing	L	L	0	pre-packed
Salad, Waldorf	L	L	0	pre-packed
Satsuma segments in syrup	0	H	0	can
Sauce, Bolognese	L	L	0	jar
Sauce, cranberry	0	H	0	
Sauce, horseradish	H	H	F	

TESCO	Salt	Sugar	Flavour	Packaging
Sauce, Napolitana	L	H	0	jar
Sauce, tartare	H	H	F	
Scotch porridge oats	0	0	0	
Scotch porridge oats with bran	0	0	0	
Semolina	0	0	0	
Sesame nut crunch	H	0	0	
Soup, cream of tomato	H	L	0	can
Spaghetti hoops	H	L	0	can
Spaghetti lengths	H	L	0	can
Spaghetti letters	H	L	0	can
Spinach, leaf	0	0	0	frozen
Spread, low fat	L	0	F	
Spread, low fat dairy	H	0	F	
Stuffing, country herb	H	0	0	
Stuffing, parsley & thyme	H	0	0	
Stuffing, sage & onion	H	0	0	
Sugar flakes	H	H	0	
Sweetcorn	0	0	0	frozen
Sweetcorn	H	L	0	can
Sweetcorn & peppers	H	L	0	can
Swiss-style breakfast cereal	L	H	0	

TESCO	Salt	Sugar	Flavour	Packaging
Tapioca	0	0	0	
Tea, all types	0	0	0	
Toffee roll, chocolate covered	L	H	F	
Toffee, bon-bon	L	H	F	
Toffee, brazil nut	L	H	F	
Toffee, cream	L	H	F	
Tomato juice	0	0	0	long life
Tomato purée	L	0	0	can
Tomatoes, chopped	L	0	0	can
Tomatoes, plum	L	0	0	can
Tropical drink	0	H	0	chilled
Turkey slices, prime	H	0	0	pre-packed
Vegetables, casserole mix	0	0	0	frozen
Vegetables, fresh farmhouse, mixed	0	0	0	frozen
Vegetables, fresh manor, mixed	0	0	0	frozen
Vegetables, fresh Parisienne, mixed	0	0	0	frozen
Vegetables, mixed	0	0	0	frozen
Vegetables, mixed	L	0	0	can
Vegetables, special, mixed	0	0	0	frozen
Vegetables, summer, mixed	L	0	0	can
Vinegar, red wine	0	0	0	

TESCO	Salt	Sugar	Flavour	Packaging
Vinegar, white wine	0	0	0	
Walnuts, shelled	0	0	0	
Water, natural, Cwm Dale	0	0	0	
Water, natural, Highland Spring	0	0	0	
Water, sparkling, Cwm Dale	0	0	0	
Water, sparkling, Highland Spring	0	0	0	
Wholemeal bran biscuit	H	L	F	
Wholemeal shortbread finger	L	H	0	
Wholewheat cereal	H	L	0	
Wholewheat flakes	L	L	0	
Yogurt, French style, apricot	0	H	0	
Yogurt, French style, lemon	0	H	0	
Yogurt, French style, strawberry	0	H	0	
Yogurt, French style, vanilla	0	H	0	
Yogurt, low fat, black cherry	0	H	F	
Yogurt, low fat, coconut	0	H	F	
Yogurt, low fat, fruits of the forest	0	H	F	
Yogurt, low fat, hazelnut	0	H	F	
Yogurt, low fat, natural set	0	0	0	
Yogurt, low fat, natural stirred	0	0	0	
Yogurt, low fat, passion fruit & melon	0	H	F	

TESCO	Salt	Sugar	Flavour	Packaging
Yogurt, low fat, pear	0	H	F	
Yogurt, rich chocolate	0	H	0	

NOTES

NOTES

WAITROSE

Waitrose is committed to selling good wholesome foods and places strong emphasis on fresh fruits and vegetables, bread, fish and cereals. Processed long life foods, by their very nature, require some additives; but for two years we have been questioning even some of these. We now have over 100 additive-free products and many more which contain only natural additives.

Recent developments include additive-free fish fingers, cookies, biscuits, breakfast cereals, jams, ketchup, low calorie soup, soft drinks and most ready prepared meals. We have also commissioned a small pilot scheme for organically grown vegetables for this autumn, and already have organically grown mangetout, fennel and green beans in about 27 of our branches.

It must be said, however, that not all additives will disappear. Without preservatives, for example, some foods would deteriorate rapidly and that would have quite serious implications upon healthy eating from another point of view; but we are certainly making progress and intend to continue doing so. This exercise is a lengthy one and involves careful development of many recipes in order to determine the specifications for each product.

We have not listed products containing dried fruit in case the fruit bears a trace of sulphur dioxide which is used as a preservative. Waitrose declares sulphur dioxide on all its mueslis for this reason. However, you will find that very few other brands of muesli do, despite the fact that the fruit will have been treated in the same way. Where we have listed a dried fruit, such as California raisins, no sulphur dioxide has been used. For the same reason, we have not listed products which use ham as an added ingredient — e.g., cottage cheese with ham and pineapple, in case nitrites/nitrates might be present. This would not be indicated on the ingredients list.

WAITROSE	Salt	Sugar	Flavour	Packaging
Apple & cherry juice	0	0	0	long life
Apple juice	0	0	0	long life
Apple juice, pure	0	0	0	chilled
Apple juice, sparkling English	0	0	0	bottle
Apple slices	0	0	0	can
Apricots in natural juice	0	0	0	can
Apricots in syrup	0	H	0	can
Artichokes	H	0	0	can
Asparagus, Canadian green	H	0	0	can
Asparagus, white (four types)	H	0	0	can
Aubergine gratin	L	L	0	fresh
Baked roll, raspberry	L	H	X	
Baked roll, treacle	L	H	X	
Barley, pearl	0	0	0	film wrapped
Beans, baked	H	L	0	can
Beans, baked in apple juice	H	0	0	can
Beans, barbecue	H	L	F	can
Beans, butter	0	0	0	film wrapped
Beans, cut green	H	0	0	can
Beans, haricot	0	0	0	film wrapped
Beans, red kidney	H	H	0	can

WAITROSE	Salt	Sugar	Flavour	Packaging
Beans, sliced green	0	0	0	frozen
Beans, whole green	0	0	0	frozen
Beans, whole green	H	0	0	can
Beef drink	H	0	0	
Beef Vindaloo	H	0	0	frozen
Beefburgers	H	0	0	frozen
Beetroot, sliced in sweet vinegar	L	H	0	
Beetroot, sliced in vinegar	L	H	0	
Biscuits, almond	L	H	F	
Biscuits, breaktime (milk)	L	H	F	
Biscuits, breaktime (plain)	L	H	F	
Biscuits, butter	L	H	0	
Biscuits, butter crunch	H	H	F	
Biscuits, digestive	L	H	0	
Biscuits, ginger creams	L	H	F	
Biscuits, milk chocolate digestives	L	H	0	
Biscuits, plain chocolate digestives	L	H	0	
Biscuits, tea finger	L	H	F	
Biscuits, treacle creams	L	H	F	
Bran flakes	H	H	0	
Bread, farmhouse white sliced	H	0	0	pre-packed

WAITROSE	Salt	Sugar	Flavour	Packaging
Bread, soft malted wheat	X	X	0	pre-packed
Bread, soft wholemeal	H	0	0	pre-packed
Broccoli	0	0	0	frozen
Brussels sprouts	0	0	0	frozen
Burger steaks	L	0	0	frozen
Butter, Devonshire	H	0	0	
Butter, dairy blend	H	0	0	
Butter, home produced	H	0	0	
Butter, Normandy unsalted	0	0	0	
Buttermilk	0	0	0	
Cake, angel sandwich	L	H	X	pre-packed
Cake, cherry Genoa	L	H	X	pre-packed
Cake, chocolate sandwich	L	H	X	pre-packed
Cake, coconut sandwich	L	H	X	pre-packed
Cake, coconut (round)	L	H	X	pre-packed
Cake, date & walnut	L	H	X	pre-packed
Cake, French jam sandwich	L	H	X	pre-packed
Cake, iced fruit	L	H	X	pre-packed
Cake, lemon iced Madeira sandwich	L	H	X	pre-packed
Cake, light fruit	L	H	X	pre-packed
Cake, Madeira slice	L	H	X	pre-packed

WAITROSE	Salt	Sugar	Flavour	Packaging
Cake, Madeira with buttercream filling	L	H	X	pre-packed
Cake, Madeira (round)	L	H	X	pre-packed
Cake, paradise	L	H	X	pre-packed
Cake, rich fruit	L	H	X	pre-packed
Cake, walnut layer	L	H	X	pre-packed
Cake, whole sultana	L	H	X	pre-packed
Cakes, Chorley	L	H	X	
Cakes, Eccles	L	X	X	pre-packed
Capellini	0	0	0	dried
Carrots	H	L	0	can
Carrots, baby	H	L	0	can
Carrots, finger	0	0	0	frozen
Carrots, sliced	H	L	0	can
Cauliflower	0	0	0	frozen
Cauliflower cheese	L	0	0	foil tray/fresh
Cauliflower/peas/mushroom, stir fry	0	0	0	frozen
Celery hearts	L	0	0	can
Cheese, Alpsberg	H	0	0	
Cheese, Belle des Champs	H	0	0	
Cheese, Caerphilly farmhouse	H	0	0	
Cheese, Camembert	H	0	0	

WAITROSE	Salt	Sugar	Flavour	Packaging
Cheese, Cheddar home produced	H	0	0	
Cheese, Cheddar, Canadian	H	0	0	
Cheese, Cheddar, English	H	0	0	
Cheese, Cheddar, English with walnuts	H	0	0	
Cheese, Cheddar, extra mild English	H	0	0	
Cheese, Cheddar, farmhouse	H	0	0	
Cheese, Cheddar, farmhouse matured	H	0	0	
Cheese, Cheddar, farmhouse Somerset	H	0	0	
Cheese, Cheddar, Irish	H	0	0	
Cheese, Cheddar, red English	H	0	F	
Cheese, Cheddar, Scottish matured	H	0	0	
Cheese, Cheddar, vegetarian	H	0	0	
Cheese, chèvre (goat)	H	0	0	
Cheese, cottage	H	0	0	
Cheese, cottage with Cheddar	H	0	0	
Cheese, cottage with onion & chives	H	0	0	
Cheese, cottage with prawns	H	0	0	
Cheese, cream with chives	H	0	0	
Cheese, curd	H	0	0	
Cheese, Danish blue extra mature	H	0	0	
Cheese, Danish blue mature	H	0	0	

WAITROSE	Salt	Sugar	Flavour	Packaging
Cheese, Danish blue mild	H	0	0	
Cheese, Danish Samsoe	H	0	0	
Cheese, Dolcelatte	H	0	0	
Cheese, double Gloucester farmhouse	H	0	0	
Cheese, Dutch Gouda	H	0	0	
Cheese, double Gloucester with chives & onions	H	0	0	
Cheese, Emmentaler	H	0	0	
Cheese, French Brie	H	0	0	
Cheese, French Brie supreme	H	0	0	
Cheese, German blue Brie	H	0	0	
Cheese, German Brie with mushrooms	H	0	0	
Cheese, Havarti slices	H	0	0	
Cheese, Lancashire	H	0	0	
Cheese, Lys bleu	H	0	0	
Cheese, Parmesan, Italian	H	0	0	
Cheese, red Cheshire	H	0	0	
Cheese, red Leicester, farmhouse	H	0	0	
Cheese, Somerset Brie	H	0	0	
Cheese, St Paulin	H	0	0	
Cheese, Stilton, blue	H	0	0	
Cheese, Stilton, white	H	0	0	

WAITROSE	Salt	Sugar	Flavour	Packaging
Cheese, sage Derby	H	0	0	
Cheese, spread, processed	H	0	0	
Cheese, spread, processed with prawns	H	0	0	
Cheese, Wensleydale	H	0	0	
Cheese, white Cheshire	H	0	0	
Chick peas	H	L	0	can
Chicken Biryani	H	0	0	frozen
Chicken breast fillets	L	L	0	pre-packed
Chicken Chow Mein	0	L	0	
Chicken Cordon Bleu	L	0	0	pre-packed
Chicken Kiev	L	0	0	pre-packed
Chicken Masala	H	0	0	frozen
Chicken Masala	H	0	0	foil tray/fresh
Chicken Moghlai	H	0	0	frozen
Chicken nibbles	L	L	0	pre-packed
Chicken Romane	L	0	0	pre-packed
Chicken spring roll	H	0	0	delicatessen
Chicken Tikka Makhanwala	H	0	0	frozen
Chicken, Goujons	L	L	0	pre-packed
Chilli con Carne	L	0	0	frozen
Chilli con Carne	0	0	0	foil tray/fresh

WAITROSE	Salt	Sugar	Flavour	Packaging
Choc & nut cookies	L	H	F	
Chocolate Brazils	0	H	F	
Chocolate chip & orange cookies	L	H	F	
Chocolate chip cookies	L	H	0	frozen
Chocolate chip shortbread	L	H	0	
Chocolate gingers	0	H	F	
Chocolate thin mint crisps	0	H	F	
Chutney, apricot & ginger	L	H	0	
Chutney, mango	H	H	0	
Chutney, onion	L	H	0	
Chutney, tomato	L	H	0	
Coconut cookies	L	H	0	
Coconut crumble creams	L	H	F	
Coconut rings	L	H	F	
Cod & broccoli mornay	L	0	0	foil tray/fresh
Cod fillets in natural crumb with parsley	L	L	0	pre-packed
Coffee bags, Columbian	0	0	0	
Coffee bags, Kenyan	0	0	0	
Coffee beans, Columbian	0	0	0	
Coffee beans, Continental	0	0	0	
Coffee beans, French	0	0	0	

WAITROSE	Salt	Sugar	Flavour	Packaging
Coffee beans, Kenyan	0	0	0	
Coffee beans, mountain	0	0	0	packet
Coffee granules, dark	0	0	0	
Coffee granules, medium	0	0	0	
Coffee granules, rich-roast	0	0	0	
Coffee powder, full-flavoured	0	0	0	
Coffee powder, mild	0	0	0	
Coffee, Columbian	0	0	0	
Coffee, Continental filter	0	0	0	
Coffee, Continental freeze-dried	0	0	0	
Coffee, choice blend	0	0	0	can
Coffee, decaffeinated	0	0	0	
Coffee, French filter	0	0	0	
Coffee, French medium	0	0	0	
Coffee, ground Continental	0	0	0	
Coffee, ground Kenyan	0	0	0	
Coffee, instant decaffeinated	0	0	0	
Coffee, Kenyan filter	0	0	0	
Coffee, Maragogype	0	0	0	
Coffee, mild-roast	0	0	0	
Coffee, mountain filter	0	0	0	

WAITROSE	Salt	Sugar	Flavour	Packaging
Coffee, mountain freeze-dried	0	0	0	
Coffee, supreme freeze-dried	0	0	0	
Coffee, Vienna	0	0	0	
Coffee/chicory	0	0	0	
Conserve, apricot	0	H	0	jar
Conserve, black cherry	0	H	0	jar
Conserve, blackcurrant	0	H	0	jar
Conserve, ginger	0	H	0	jar
Conserve, morello cherry	0	H	0	jar
Conserve, raspberry	0	H	0	jar
Conserve, strawberry	0	H	0	jar
Corn on the cob	0	0	0	frozen
Cornflakes	H	H	0	
Cornflour	0	0	0	
Cornish pasty, premium	L	0	0	delicatessen
Courgettes Provençales	L	0	0	foil tray/fresh
Courgettes/mushroom/corn, stir fry	0	0	0	frozen
Cream crackers	H	0	0	
Cream, clotted	0	0	0	
Cream, double	0	0	0	
Cream, extra thick double	0	0	0	

WAITROSE	Salt	Sugar	Flavour	Packaging
Cream, half	0	0	0	
Cream, single	0	0	0	
Cream, soured	0	0	0	
Cream, spooning	0	0	0	
Cream, whipping	0	0	0	
Crespolini	L	0	0	delicatessen
Crumble, apple	0	H	0	foil tray
Crumble, gooseberry	0	H	0	foil tray
Crunchy cookies	L	H	0	
Custard creams	L	H	F	
Dal Masala	H	0	0	frozen
Digestive finger creams	L	H	F	
Dolmades	L	0	0	delicatessen
Éclairs	0	H	F	frozen
Fish cakes	H	0	0	frozen
Fish fingers, cod fillet	L	0	0	frozen
Fish fingers, minced cod	L	0	0	frozen
Five fruit cocktail juice	0	0	0	long life
Flour, plain	0	0	0	
Flour, plain superfine	0	0	0	
Flour, self raising	0	0	0	

WAITROSE	Salt	Sugar	Flavour	Packaging
Flour, self raising superfine	0	0	0	
Flour, strong white bread	0	0	0	
Flour, wholewheat	0	0	0	
Four fruit cocktail juice	0	0	0	long life
Fruit & nuts, exotic	0	L	0	
Ginger cookies	L	H	0	
Ginger snaps	L	H	F	
Ginger thins	L	H	F	
Grape & blackcurrant juice	0	0	0	long life
Grape juice, red	0	0	0	bottle
Grape juice, white	0	0	0	bottle
Grapefruit in juice	0	0	0	can
Grapefruit juice	0	0	0	long life
Grapefruit juice, pure	0	0	0	chilled
Haddock Goujons	L	L	0	pre-packed
Haricots verts	H	0	0	can
Highland shorties	L	H	F	
Honey, Australian clear	0	0	0	jar
Honey, Australian set	0	0	0	jar
Honey, Canadian	0	0	0	jar
Honey, Chinese	0	0	0	jar

WAITROSE	Salt	Sugar	Flavour	Packaging
Honey, cut comb	0	0	0	jar
Honey, English	0	0	0	jar
Honey, Greek	0	0	0	jar
Honey, Mexican	0	0	0	jar
Honey, Tasmanian	0	0	0	jar
Houmous	H	0	0	delicatessen
Jaffa orange juice	0	0	0	chilled
Jam creams	L	H	F	
Jam, apricot	0	H	0	jar
Jam, apricot, reduced sugar	0	H	0	jar
Jam, blackcurrant, reduced sugar	0	H	0	jar
Jam, damson	0	H	0	jar
Jam, morello cherry, reduced sugar	0	H	0	jar
Jam, pineapple	0	H	0	jar
Jam, raspberry	0	H	0	jar
Jam, raspberry, reduced sugar	0	H	0	jar
Jam, Swiss black cherry, reduced sugar	0	H	0	jar
Jam, strawberry, reduced sugar	0	H	0	jar
Jelly, blackcurrant	0	H	0	jar
Lamb boulangère	L	0	0	foil tray/fresh
Lamb curry	L	0	0	foil tray/fresh

ROSE	Salt	Sugar	Flavour	Packaging
Lamb rogan josh	H	0	0	frozen
Lattice flans	L	0	0	frozen
Légumes mornay	L	0	0	foil tray/fresh
Lemon cheese	0	H	0	jar
Lemon curd	0	H	0	jar
Lentils	0	0	0	film wrapped
Macaroni, Italian	0	0	0	dried
Macaroni, wholewheat	0	0	0	dried
Malted drink	0	0	0	
Mandarins in juice	0	0	0	can
Mandarins in syrup	0	H	0	can
Margarine, blended	H	0	0	block in foil
Margarine, blended soft	H	L	0	carton
Margarine, soya soft	H	L	0	carton
Margarine, sunflower soft	H	L	0	carton
Marmalade, fresh grapefruit	0	H	0	jar
Marmalade, fresh orange	0	H	0	jar
Marmalade, orange (thin cut)	0	H	0	jar
Marmalade, orange, reduced sugar	0	H	0	jar
Marmalade, three fruits	0	H	0	jar
Marzipan, white	0	H	0	

WAITROSE	Salt	Sugar	Flavour	Packaging
Mayonnaise	L	L	F	
Mayonnaise, lemon	L	L	F	
Milk chocolate orange wafer fingers	L	H	F	
Milk chocolate wafer fingers	L	H	F	
Milk, Channel Isle	0	0	0	
Milk, evaporated	0	0	0	can
Milk, full cream	0	0	0	
Milk, goat	0	0	0	
Milk, semi skimmed	0	0	0	fresh
Milk, skimmed	0	0	0	fresh
Milk, spray-dried instant powder	0	0	0	can
Minced beef Bolognese	L	0	0	frozen
Mince pies, puff	L	H	X	
Mince pies, shortcrust	L	H	X	
Mince pies, wholemeal	L	H	X	
Mini rolls with strawberry conserve and buttercream	L	H	X	
Mini rolls, choc covered with raspberry conserve	L	H	X	
Mini rolls, choc covered with vanilla filling	L	H	X	
Mint creams	0	H	F	
Mint imperials	0	H	F	

WAITROSE	Salt	Sugar	Flavour	Packaging
Moussaka	L	0	0	foil tray/fresh
Mushrooms	H	0	0	can
Mussels in tomato sauce	L	L	F	fresh
Nuts & raisins, mixed	0	0	0	
Nuts, pistachio	H	0	0	
Oat flake & honey cookies	L	H	0	
Oil, corn	0	0	0	
Oil, groundnut	0	0	0	
Oil, olive	0	0	0	
Oil, safflower	0	0	0	
Oil, soya vegetable	0	0	0	
Oil, sunflower	0	0	0	
Oil, vegetable blended	0	0	0	
Onion Bhaji	L	0	0	delicatessen
Orange juice	0	0	0	long life
Orange juice, pure	0	0	0	chilled
Orange/apricot drink	0	H	0	chilled
Pakora	L	0	0	delicatessen
Pancake, cheese, ham & mushroom	L	0	0	fresh
Party twigs	H	0	0	
Passata	L	0	0	can

WAITROSE	Salt	Sugar	Flavour	Packaging
Pasta bows	0	0	0	dried
Pasta quills	0	0	0	dried
Pasta shells	0	0	0	dried
Pasta tubes	0	0	0	dried
Pasta twists	0	0	0	dried
Pasta wheels	0	0	0	dried
Pavlova, chocolate	0	H	0	frozen
Peaches & pears in syrup	0	H	0	can
Peaches in syrup	0	H	0	can
Peaches, sliced in syrup	0	H	0	can
Peanut butter cookies	L	H	0	frozen
Peanut butter, crunchy	H	H	0	jar
Peanut butter, smooth	H	H	0	jar
Peanuts & raisins	0	0	0	
Peanuts, salted	H	0	0	
Peanuts, shelled	0	0	0	
Pears in natural juice	0	0	0	can
Pears in syrup	0	H	0	can
Peas & carrots, mixed	L	L	0	can
Peas, dried	0	0	0	film wrapped
Peas, garden	0	0	0	frozen

WAITROSE	Salt	Sugar	Flavour	Packaging
Peas, mint	0	0	0	frozen
Peas, split	0	0	0	film wrapped
Peas/corn/pepper	0	0	0	frozen
Pepper, chopped mixed	0	0	0	frozen
Peppers, red	H	0	0	can
Petit beurre (milk & plain chocolate)	L	H	F	
Petit pois	0	0	0	frozen
Petit pois	H	L	0	can
Petticoat tails	L	H	0	
Piccalilli, mustard	H	H	0	
Piccalilli, sweet	H	H	0	
Pie, chicken/ham/mushroom	L	0	0	frozen
Pie, lattice with summer fruits filling	L	H	X	
Pie, lattice with tropical fruits filling	L	H	X	
Pie, minced beef	L	0	0	frozen
Pie, steak & kidney	L	0	0	frozen
Pie, wholemeal apple mini	L	H	X	
Pies, apple	L	H	X	
Pies, blackcurrant shortcrust	L	H	X	
Pies, blackcurrant wholemeal	L	H	X	
Pineapple juice	0	0	0	long life

WAITROSE	Salt	Sugar	Flavour	Packaging
Pineapple juice, pure	0	0	0	chilled
Pineapple pieces in natural juice	0	0	0	can
Pineapple pieces in syrup	0	H	0	can
Pineapple slices in syrup	0	H	0	can
Pittas, traditional	X	X	X	pre-packed
Pittas, wholemeal traditional	X	X	X	pre-packed
Pizza, campagnola	L	0	0	frozen
Pizza, French bread ham/mushroom	L	0	0	frozen
Pizza, French bread tomato/cheese	L	0	0	frozen
Pizza, Marinara	L	0	0	frozen
Pizza, pepperoni	L	0	0	frozen
Pizzas, 10 party	H	0	0	frozen
Plaice & prawn véronique	L	0	0	foil tray/fresh
Plaice fillets in natural crumb with parsley	L	L	0	pre-packed
Plaice with mornay filling	L	L	0	fresh
Plaice, breaded	L	0	0	frozen
Plain chocolate	0	H	F	
Plain chocolate wafer fingers	L	H	F	
Plain chocolate with hazelnuts	0	H	F	
Pork sausage meat	H	0	0	frozen
Porridge oats	0	0	0	

WAITROSE	Salt	Sugar	Flavour	Packaging
Potato dauphinoise	L	0	0	foil tray/fresh
Potato lamb cutlet	L	0	0	delicatessen
Potato, cheese & asparagus pancakes	L	0	0	foil tray/fresh
Potatoes, new (except Jersey)	H	0	0	can
Prawn, smoked salmon & tuna bap	L	0	0	fresh
Quiche, Stilton	0	0	0	delicatessen
Quiche, Swiss cheese & broccoli	0	0	0	delicatessen
Raisins, California	0	0	0	dried
Ratatouille	0	0	0	frozen
Ratatouille	L	L	0	can
Ratatouille	L	0	0	foil tray/fresh
Rice crunchies	H	H	0	
Rice, American long grain	0	0	0	dried
Rice, creamed	0	H	0	can
Rice, easy to cook	0	0	0	dried
Rice, flaked	0	0	0	dried
Rice, long grain brown	0	0	0	dried
Rice, pilau	L	0	0	dried
Rice, pudding	0	0	0	dried
Rice, risotto	0	0	0	dried
Rice, stir fry	L	0	0	foil tray/fresh

WAITROSE	Salt	Sugar	Flavour	Packaging
Salad, apricot & nut	L	0	0	delicatessen
Salad, carrot & nut	L	L	0	delicatessen
Salad, courgettes, wheat & almond	0	L	0	delicatessen
Salad, healthy fruit & honey	L	L	0	delicatessen
Salad, Mexican bean	L	0	0	delicatessen
Salad, Mexican style	L	L	0	delicatessen
Salad, pepper	L	L	0	can
Salad, potato/mint	L	0	0	delicatessen
Samosa, chicken	L	0	0	delicatessen
Samosa, lamb	L	0	0	delicatessen
Samosa, vegetable	L	0	0	delicatessen
Samosa, vegetable	H	0	0	frozen
Sausage rolls, 6	H	0	0	frozen
Sausages, thin pork	H	0	0	frozen
Sausages, thick pork	H	0	0	frozen
Scampi in crispy coating	L	L	0	pre-packed
Seafood salad	L	0	0	delicatessen
Semolina	0	0	0	dried
Sesame crackers	H	0	0	
Shortbread fingers	L	H	F	
Smoked haddock savoury bake	L	0	0	foil tray/fresh

WAITROSE	Salt	Sugar	Flavour	Packaging
Tea bags, Assam	0	0	0	
Tea bags, breakfast	0	0	0	
Tea bags, Ceylon	0	0	0	
Tea bags, Earl Grey	0	0	0	
Tea, breakfast	0	0	0	
Tea, Darjeeling	0	0	0	
Tea, Earl Grey	0	0	0	
Tea, Jasmine	0	0	0	
Tea, Kemun China	0	0	0	
Tea, Kenya	0	0	0	
Tea, Lapsang	0	0	0	
Tea, taste of Assam	0	0	0	
Tea, taste of Ceylon	0	0	0	
Tea, taste of Kenya	0	0	0	
Three fruit cocktail juice	0	0	0	long life
Toffees, Devon	0	H	F	
Tomato juice	0	0	0	long life
Tomato ketchup	H	H	F	
Tomato paste	L	0	0	jar/tube/can
Tomato paste with basil	L	L	0	jar
Tomatoes	0	0	0	can

WAITROSE	Salt	Sugar	Flavour	Packaging
Sponge with lemon cheese & buttercream filling	L	H	X	
Sponge with strawberry conserve & buttercream filling	L	H	X	
Sponge, choc with black cherry conserve & buttercream	L	H	X	
Sponge, choc with buttercream filling	L	H	X	
Spread, low fat	H	0	0	carton
Sprouts, button	0	0	0	frozen
Stuffing mix, country herb	H	0	0	packet
Stuffing mix, parsley, thyme & lemon	H	0	F	packet
Stuffing mix, sage & onion	H	0	F	packet
Sultana & spice creams	L	H	F	
Sweet & sour chicken	L	H	0	frozen
Sweetcorn	0	0	0	frozen
Sweetcorn	L	0	0	can
Sweetcorn with peppers	L	0	0	can
Sweetcorn, creamed	L	0	0	can
Swiss roll, chocolate covered	L	H	F	
Tagliatelle	0	0	0	dried
Tagliatelle Niçoise	L	0	0	foil tray/fresh

WAITROSE	Salt	Sugar	Flavour	Packaging
Sole Goujons	L	L	0	pre-packed
Sorbet, lemon	0	H	0	frozen
Soup, asparagus low calorie	L	0	0	
Soup, Cornish crab bisque	L	L	0	
Soup, clam chowder	L	0	0	
Soup, cream of tomato	L	L	0	can
Soup, lobster bisque	L	L	0	
Soup, tomato low calorie	L	0	0	
Soutsoukakia	L	0	0	delicatessen
Spaghetti	0	0	0	dried
Spaghetti verdi	0	0	0	dried
Spaghetti, Italian	0	0	0	dried
Spaghetti, wholewheat	0	0	0	dried
Spare ribs	L	L	0	foil tray/fresh
Spicy meat balls	L	0	0	foil tray/fresh
Spinach	L	0	0	can
Sponge fingers	L	H	F	
Sponge with black cherry conserve & buttercream filling	L	H	X	
Sponge with blackcurrant conserve & buttercream filling	L	H	X	

WAITROSE	Salt	Sugar	Flavour	Packaging
Sponge with lemon cheese & buttercream filling	L	H	X	
Sponge with strawberry conserve & buttercream filling	L	H	X	
Sponge, choc with black cherry conserve & buttercream	L	H	X	
Sponge, choc with buttercream filling	L	H	X	
Spread, low fat	H	0	0	carton
Sprouts, button	0	0	0	frozen
Stuffing mix, country herb	H	0	0	packet
Stuffing mix, parsley, thyme & lemon	H	0	F	packet
Stuffing mix, sage & onion	H	0	F	packet
Sultana & spice creams	L	H	F	
Sweet & sour chicken	L	H	0	frozen
Sweetcorn	0	0	0	frozen
Sweetcorn	L	0	0	can
Sweetcorn with peppers	L	0	0	can
Sweetcorn, creamed	L	0	0	can
Swiss roll, chocolate covered	L	H	F	
Tagliatelle	0	0	0	dried
Tagliatelle nicoise	L	0	0	foil tray/fresh

WAITROSE	Salt	Sugar	Flavour	Packaging
Yogurt, black cherry	0	H	0	carton
Yogurt, black cherry extra thick	0	H	0	
Yogurt, blackberry & apple	0	H	0	
Yogurt, blackcurrant	0	H	0	carton
Yogurt, champagne rhubarb	0	H	0	carton
Yogurt, chocolate	0	H	0	carton
Yogurt, gooseberry	0	H	0	carton
Yogurt, hazelnut	0	H	0	carton
Yogurt, mandarin	0	H	0	carton
Yogurt, morello cherry	0	H	0	carton
Yogurt, natural set extra thick	0	H	0	carton
Yogurt, passion fruit & melon	0	H	0	carton
Yogurt, peach melba	0	H	0	carton
Yogurt, pineapple & coconut	0	H	0	carton
Yogurt, raspberry	0	H	0	carton
Yogurt, strawberry	0	H	0	carton
Yogurt, strawberry extra thick	0	H	0	carton
Yogurt, tropical fruit extra thick	0	H	0	carton
Yogurt, Victoria plum	0	H	0	carton
Yogurts, natural	0	H	0	carton

NOTES

Of further interest . . .

E FOR ADDITIVES

To meet growing consumer reaction against additives which may have an adverse effect on health, two major food chains have recently decided to stop using the most suspect 'E' additives in their own brand products. 'E' numbers represent the chemical additives used to process our food. From 1st January 1986, under E.E.C. regulations, ALL pre-packaged foods will have to show their 'E' numbers in the list of ingredients. In some cases e.g. preservatives in meat, the additives safeguard our health, however the implications are that certain of them are non-essential — and perhaps even harmful — to sensitive people. Some of these chemicals cause migraine, hyperactivity, nausea, severe abdominal pain or even more serious conditions. 'E' FOR ADDITIVES **by Maurice Hanssen** is a clearly presented guide to the uses and possible side effects of chemical additives. *A MUST for people who care about what they eat.*